引黄灌区草-藻协同生态沟渠构建技术

陈融旭　韩　冰　赵凌栋　　著
王弯弯　张　杨

黄河水利出版社

·郑　州·

内 容 提 要

本书针对黄河流域灌区农业面源污染问题，利用农村现有渠系、坑塘等，构建了草-藻协同三级净化系统，对农业面源进行净化处理，使得出水水质最高可达地表Ⅲ类水水质标准。本书共分5章，第1章介绍了黄河流域河流水系及水环境特征，第2章介绍了沉水植物和微藻在水体生态净化中的应用，第3章对黄河流域优势沉水植物进行筛选以及应用潜力分析，第4章对黄河流域典型微藻筛选及其应用潜力进行分析，第5章为引黄灌区草-藻协同生态沟渠关键技术构建，涵盖优势植物筛选、微藻最优配置方式及途径探索、适宜引黄灌区的草-藻协同水体生态治理技术构建等内容，对技术相关参数进行详细阐述。

本书可为水利、环境行业从事农村面源治理的相关科研人员、高校师生及专业人员提供参考。

图书在版编目(CIP)数据

引黄灌区草-藻协同生态沟渠构建技术/陈融旭等著

. —郑州：黄河水利出版社，2022.12

ISBN 978-7-5509-3399-6

Ⅰ.①引… Ⅱ.①陈… Ⅲ.①黄河-灌区-排水沟渠

-建设-研究 Ⅳ.①S277

中国版本图书馆 CIP 数据核字(2022)第 177314 号

出 版 社：黄河水利出版社　　　　　　　　网址：www.yrcp.com
　　　　地址：河南省郑州市顺河路黄委会综合楼14层　邮政编码：450003
发行单位：黄河水利出版社
　　　　发行部电话：0371-66026940、66020550、66028024、66022620(传真)
　　　　E-mail：hhslcbs@ 126. com
承印单位：河南新华印刷集团有限公司
开本：850 mm×1 168 mm　1/32
印张：7.625
字数：200 千字
版次：2022 年 12 月第 1 版　　　印次：2022 年 12 月第 1 次印刷
定价：68.00 元

前　言

　　黄河流域横贯我国东西,土地广阔,能源和矿产资源丰富,光热资源充足,是我国重要的经济地带和重要的生态屏障,保护黄河是事关中华民族伟大复兴的千年大计。近年来,随着流域治理的不断深入,黄河流域防洪体系日趋完善,水土流失综合防治成效显著,生态环境持续明显向好。不过,黄河流域气候特征差异大、水资源匮乏、水环境污染、生态系统脆弱等矛盾依然存在,流域生态安全仍受到严重威胁。《2021 中国生态环境状况公报》显示,黄河流域监测的 265 个国考水质断面中,劣 V 类占 3.8%,比 2020 年下降 1.1 个百分点,高于全国 0.9% 的平均水平,流域河湖生态环境状况亟待改善。党的十八大以来,尤其是黄河流域生态保护和高质量发展重大国家战略提出以来,国家对黄河流域生态环境保护提出了新的要求。探索科学先进、稳定持续、绿色环保、高效节能地适用于黄河流域的生态治理技术,成为流域生态环境治理的重点。

　　近年来,我国在河湖生态治理实践上取得了显著成就,河湖治理技术从最初的水利工程措施、物理化学修复技术逐渐发展为以生物修复为主的新一代生态治理组合技术。治理思路也由人工干预为主向激发河流自身动力转变,尤其以水生生态系统构建和水体自净能力恢复为目标的水下森林构建技术,作为我国当前的主流生态修复技术,在水体污染净化方面具有独特优势,存在很大的应用空间。

　　早期河流污染的控制主要以物理方式为主,其中清淤、调水冲污、人工曝气等措施发挥着重要的作用。清淤主要是针对河湖淤塞导致的水流不畅、水草滋生、底泥污染等问题,往往是河湖生态修复的首要手段。随着清淤技术的发展,绞吸式环保清淤船技术的不断成熟,使其在大型水体清淤工程的施工中逐步代替了抓斗式挖泥船,清淤过程中的底泥污染释放大幅降低。调水冲污是早期城市内河污染控制的主要手段,通过闸控调节河流水体的流向和换水周期,达到适时更新水体、保持河流水环境的目的,对水体污染物的去除没有直接作用。目前,大部分城市在谋求内河水利调度规则的优化调整,采用维持生态流量的方式代替调水冲污,但调水冲污当前仍是城市内河污染应急处理的主要手段之一。人工曝气则是针对水体溶解氧不足的问题,通过人工增氧为好氧微生物、水生植物、水生动物等提供生存环境,促进水生态环境的稳定,提升水体的自净能力,往往作为生态修复的辅助手段使用。

由于早期河流污染的控制以污染转移和稀释为主,对水体污染物的原位处理重视不够,造成下游湖库水体的污染越来越严重。为缓解湖库富营养化进程,抑制越来越频繁的藻华暴发,一些化学修复技术作为应急手段出现在湖库治理实践中。例如,在富营养化水体中加入石灰,利用硝化与反硝化作用脱氮,利用金属盐类聚集沉淀水体中的磷,或者使用除藻剂抑制藻类的大量繁殖等。化学修复技术虽然效果明显,但作用时间短、成本高,且容易形成二次污染,难以作为主要修复技术使用。

随着生态修复理念的转变,以水生植物、微生物等为主体的生物修复技术成为近些年的研究热点,并得到了广泛的应用。水生植物在水生生态系统中对污染物的净化作用得到了广泛的验证,且在应用过程中不同类型的水生植物在生态修复中都有自身的特点。其中,挺水植物拥有强大的根系,可从底泥和上覆水中吸收氮、磷等污染物,易于种植、管护和收割,是构建人工湿地的主要水生植物类型。挺水植物在生态修复中往往用于浅水区或滨岸带的修复,或以生态浮床的形式种植在河湖水面上。浮叶植物漂浮在水面,相比藻类具有竞争优势,可通过发达的根系从水体中吸收氮、磷等污染物,且繁殖力强,易于打捞,适用于浅水区藻类的控制和富营养化水体修复。沉水植物全株生活在水下,可通过根系和叶片从底泥和水体中吸收氮、磷等污染物,作为载体为微生物和水生生物提供生境和庇护所,通过调节水体溶解氧、吸附悬浮颗粒物、抑制藻类生长等保持适宜水环境,沉水植物群落的构建被认为是自然水体生态系统修复成功的重要标志。近几年,沉水植物的生态功能越来越受到人们的关注,沉水植物修复技术成为生态修复领域的研究热点。沉水植物除直接种植外,还可生长在网箱或沉水植物床上以应用于硬质基底或较深的水体。在水生植物修复实践中,往往根据3种不同类型的植物特点,将挺水植物、浮叶植物和沉水植物搭配使用,以发挥其各自的优势,逐步形成多样性的稳定水生植物生态系统,在这一系统中,水下森林的构建是近年来的热点技术之一。

　　由于沉水植物的生长对水体透明度、污染负荷有一定的要求,往往作为水体净化流程的最后一个环节,需要布设前置处理工艺对进水进行处理。而挺水植物的处理效率要达到相应需求,对挺水植物处理单元的规模有较大的要求。据此,基于微藻的水处理技术处理周期短、去除率高的特点,该技术在水处理中的应用得到广泛关注。当前,随着城镇污水及工业废水处理率的日益提高,黄河流域农业面源污染逐渐成为河湖水体的主要污染来源,为流域河湖水体生物修复提供了先决条件。伴随着各类生态修复技术的逐渐成熟,为适应不同环境下的生态修复需求,实践中往往采用多种生态修复技术相互配合的方式。例如,先以生态清淤和人工增氧为主去除内源污染、改善水环境,为水生生物的种植提供良好的条件;再以各类水生植物为主构建立体生态系统,辅以鱼、螺等生物操纵技术,逐步构建完整的水生生态系统。而在技术研发方面,适应性强、效果更为显著的复合生态修复技术的研发成为当前的研究热点。

引黄灌区是黄河流域农业面源污染的主要来源区域。为满足新时期黄河流域水生态环境治理需求,本书分析了基于沉水植物的水下森林构建技术和基于微藻的藻类水质净化技术在典型引黄灌区的应用潜力,比较了其在不同环境条件下的氮、磷净化效率,确定了其主要功能指标。结合引黄灌区渠系特征,利用多种生态修复技术形式,构建了适宜引黄灌区的草-藻协同生态沟渠构建技术,以生态拦截为主要手段,从污染输移途径上下功夫,降低农业面源污染入河总量,为黄河流域生态保护和高质量发展提供技术支撑。

全书共5章,是在项目研究成果的基础上撰写而成的,项目和书稿的完成是各位成员共同努力的结果。各章撰写分工如下:第1章由刘强(豫西黄河河务局孟津黄河河务局)、刘香君(河南省水利勘测设计研究有限公司)、张亚强(河南省水利移民事务中心)、赵凌栋撰写,第2章由刘强、刘香君、张亚强、韩冰撰写,第3章由韩冰、陈融旭、赵凌栋、王弯弯撰写,第4章由韩冰、陈融旭、张杨撰写,第5章由陈融旭、韩冰撰写。全书由陈融旭、韩冰统稿。在成书过程中,娄萱、张展硕、邹清洋、翟雪洁、万芮、荆新爱等同志,或提供相关资料,或参与项目讨论,或给与其他帮助;不少作者相关著作、论文等成果,也提供了有价值的观点和资料,在此一并表示衷心感谢!

作 者

2022 年 7 月

目 录

第1章 黄河流域河流水系及水环境特征

1.1 自然地理概况

1.1.1 地理概况

黄河流域位于东经 95°53′~119°05′,北纬 32°10′~41°50′,西起巴颜喀拉山,东临渤海,北抵阴山,南达秦岭,横跨青藏高原、内蒙古高原、黄土高原和华北平原4个地貌单元,地势西部高、东部低,由西向东逐级下降,地形上大致可分为三级阶梯。

第一级阶梯是流域西部的青藏高原,海拔在3 000 m以上,其南部的巴颜喀拉山脉构成黄河与长江的分水岭,祁连山北缘为青藏高原与内蒙古高原的分界。东部边缘北起祁连山东端,向南经临夏、临潭,沿洮河,经岷县直达岷山。主峰高达6 282 m的阿尼玛卿山,耸立中部,是黄河流域最高点,山顶终年积雪,呈西北—东南方向分布的积石山与岷山相抵,使黄河绕流而行,形成S形大弯道。

第二级阶梯大致以太行山为东界,海拔1 000~2 000 m,包含河套平原、鄂尔多斯高原、黄土高原和汾渭盆地等较大的地貌单元。许多复杂的气象、水文、泥沙现象多出现在这一地带。

第三级阶梯从太行山脉以东至渤海,由黄河下游冲积平原和鲁中南山地丘陵组成。冲积扇的顶部位于沁河口一带,海拔100 m左右。鲁中南山地丘陵由泰山、鲁山和蒙山组成,一般海拔在

200~500 m,丘陵浑圆,河谷宽广,少数海拔在1 000 m以上。

1.1.2　河流水系

　　黄河发源于青藏高原巴颜喀拉山东麓的约古宗列曲,流经青海、四川、甘肃、宁夏、内蒙古、陕西、河南、山东等9个省(区),在山东垦利区注入渤海。黄河流域横跨青藏高原、内蒙古高原、黄土高原和华北平原4个地貌单元,地势西高东低,流域面积79.5万km²,涉及66个市(州、盟)、340个县(市、旗)。据统计[1],黄河流域内流域面积在50 km²以上的河流共有4 157条,其中山地河流3 909条,占比94.0%;内流区河流104条,占比2.5%;平原水网区河流(不含内蒙古河套灌区部分)144条,占比3.5%。常年水面面积在1 km²以上的湖泊有146个,其中面积大于10 km²的湖泊有23个,占比为15.8%;面积大于50 km²的有3个,占比为2.1%,黄河流域河流水系分布见图1-1。根据水沙特性和地形、地质条件,黄河干流分为上、中、下游共11个河段。黄河干流各河段特征值见表1-1。

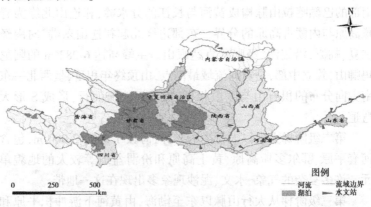

图1-1　黄河流域河流水系分布

表 1-1　黄河干流各河段特征值

河段	起讫地点	流域面积/km²	河长/km	落差/m	比降/‰	汇入支流/条
全河	河源至河口镇	794 712	5 463.6	4 480.0	8.2	76
上游	河源至河口镇	428 235	3 471.6	3 496.0	10.1	43
	1. 河源至玛多	20 930	269.7	265.0	9.8	3
	2. 玛多至龙羊峡	110 490	1 417.5	1 765.0	12.5	22
	3. 龙羊峡至下河沿	122 722	793.9	1 220.0	15.4	8
	4. 下河沿至河口镇	174 093	990.5	246.0	2.5	10
中游	河口镇至桃花峪	343 751	1 206.4	890.4	7.4	30
	1. 河口镇至禹门口	111 591	725.1	607.3	8.4	21
	2. 禹门口至小浪底	196 598	368.0	253.1	6.9	7
	3. 小浪底至桃花峪	35 562	113.3	30.0	2.6	2
下游	桃花峪至河口	22 726	785.6	93.6	1.2	3
	1. 桃花峪至高村	4 429	206.2	37.3	1.8	1
	2. 高村至陶城铺	6 099	165.4	19.8	1.2	1
	3. 陶城铺至宁海	11 694	321.7	29.0	0.9	1
	4. 宁海至河口镇	504	92.0	7.5	0.8	—

注:1. 汇入支流是指流域面积在 1 000 km² 以上的一级支流;

2. 落差以约古宗列盆地上口为起点计算;

3. 流域面积包括内流区,其面积计入下河沿至河口镇河段。

黄河流域水资源禀赋条件差,属于资源性缺水河流。2016～2020 年的《中国水资源公报》显示,近五年来(2016～2020 年),黄河流域平均降雨量为 505.4 mm,仅多于西北诸河,占全国平均降雨量(687.0 mm)的 73.6%,不足长江流域(1 151.0 mm)及珠江流域(1 653.9 mm)的 1/3。黄河流域近五年全年平均水资源总量为 778.6 亿 m³,仅高于辽河流域和海河流域,占全国水资源总量的 2.5%,不足长江流域(11 767.5 亿 m³)的 1/10。相关统计资料显示,2019年,黄河流域人均水资源量为246 m³,仅占全国人均水资源量(2 081 m³)的1/10左右,属于国际现行标准中规定的极度缺水地区,是我国的主要缺水地区。据统计,黄河流域水资源利用率高达80%以上,远超40%的国际公认的河流水资源开发利用率警戒线,远超过黄河的水资源承载能力。随着经济社会的快速发展,城镇生活、工业生产等需水量仍将增长,未来黄河流域缺水形势将更加严峻。

1.1.3 气候特征

黄河流域位于我国中北部,属大陆性气候。各地气候条件差异明显,东南部基本属湿润气候,中部属半干旱气候,西北部为干旱气候。流域冬季几乎全部在蒙古高压控制下,盛行偏北风,有少量雨雪,偶有沙暴;春季蒙古高压逐渐衰退;夏季主要在大陆热低压的范围内,盛行偏南风,水汽含量丰沛,降水量较大;秋季秋高气爽,降水量开始减小。以东部(济南市)、南部(西安市)、西部(西宁市)、北部(呼和浩特市)、中部(延安市)几个站为代表,黄河流域内多年月、年平均气温由南向北、由东向西递减。流域内气温1月为最低,7月为最高。

黄河流域内日平均气温大于或等于10 ℃出现天数的分布,基本由东南向西北递减,最小为河源区,出现天数小于10 d,年积温接近0 ℃;最大为黄河中下游河谷平原区,出现天数为230 d左右,年积温达4 500 ℃。流域内日平均气温小于或等于-10 ℃出现天数的分布,基本由东南向西北递增,最小的为黄河中下游河谷平原地带,最大的为河源区。年日照时数以青海高原为最高,大部分在3 000 h以上,其余地区一般为2 200~2 800 h。

流域年平均气温6.4 ℃,由南向北、由东向西递减。近20年来,随着全球气温变暖,黄河流域的气温也升高了1 ℃左右。

根据1956~2000年系列统计,流域多年平均降水量为445.8

mm(见表 1-2)。黄河流域降水量总的趋势是由东南向西北递减,降水最多的是流域东南部湿润、半湿润地区,如秦岭、伏牛山及泰山一带,年降水量超过 800 mm;降水量最少的是流域北部的干旱地区,如宁蒙河套平原,年降水量只有 200 mm 左右。流域降水量年内分配极不均匀,连续最大 4 个月降水量占年降水量的 68.3%。流域降水量年际变化悬殊,湿润区与半湿润区最大年降水量与最小年降水量的比值大都在 3 倍以上,干旱、半干旱区最大年降水量与最小年降水量的比值一般在 2.5~7.5。黄河流域水面蒸发量随气温、地形、地理位置等变化较大。兰州以上气温较低,平均水面蒸发量为 790 mm;兰州至河口镇区间,气候干燥、降水量少,多沙漠和干旱草原,平均水面蒸发量为 1 360 mm;河口镇至花园口区间,平均水面蒸发量约 1 070 mm;花园口以下平均水面蒸发量为990 mm。

表 1-2 黄河流域多年平均降水量特征值(1956~2000 年系列)

河段	年降水量/mm	C_v	C_s/C_v	不同频率降水量/mm			
				20%	50%	75%	95%
龙羊峡以上	478.3	0.11	2.0	530.2	473.9	448.8	401.4
龙羊峡至兰州	478.9	0.14	2.0	534.2	475.8	432.1	374.2
兰州至河口镇	261.9	0.22	2.0	308.5	257.5	220.9	174.7
河口镇至龙门	433.5	0.21	2.0	507.7	427.1	369.1	295.4
龙门至三门峡	540.6	0.16	2.0	611.6	535.9	479.9	406.5
三门峡至花园口	659.5	0.18	2.0	756.8	652.4	576.0	477.1
花园口以下	647.8	0.22	2.0	763.7	637.4	546.8	432.5
内流区	271.9	0.27	2.0	331.0	265.3	219.5	163.4
黄河流域	445.8	0.14	2.0	498.7	444.2	403.4	349.3

流域气候条件年际变化不大,水面蒸发的年际变化也不大,最大水面蒸发量与最小水面蒸发量之比为 1.4~2.2,多数水文站在

1.5 左右；C_v 值为 0.08~0.14，多数在 0.11 左右。

1.1.4 泥沙状况

《中国河流泥沙公报 2020》显示，2020 年黄河年输沙量为 24 000 万 t，占全国总输沙量的 50.3%；多年平均输沙量为 92 100 万 t，占全国总输沙量的 63.5%；近 10 年平均输沙量为 17 900 万 t，占全国总输沙量的 48.8%，而黄河多年平均径流量仅占全国总径流量的 2.3%（见表 1-3）。

表 1-3　各流域含沙量统计

河流	代表水文站	控制流域面积/万 km²	年径流量/亿 m³			年输沙量/万 t		
			多年平均	近 10 年平均	2020年	多年平均	近 10 年平均	2020年
长江	大通	170.54	8 983	9 100	11 180	35 100	11 900	16 400
黄河	潼关	68.22	335.3	301.0	469.6	92 100	17 900	24 000
淮河	蚌埠+临沂	13.16	282.0	227.4	417.3	997	340	961
海河	石厘里+响水堡+张家坟+下会+观台+元村集	8.4	73.68	30.32	22.83	3 770	132	22.1
珠江	高要+石角+博罗	41.52	3 138	31.33	2 858	6 980	2 490	2 300
松花江	佳木斯	52.83	643.4	707.2	1 076	1 260	1 260	2 370
辽河	铁岭+新民	12.64	74.15	65.88	76.32	1 490	202	234
钱塘江	兰溪+诸暨+上虞东山	2.43	218.3	245.5	249.3	275	365	307

续表 1-3

河流	代表水文站	控制流域面积/万 km²	年径流量/亿 m³			年输沙量/万 t		
			多年平均	近10年平均	2020年	多年平均	近10年平均	2020年
闽江	竹岐+永泰	5.85	576.0	589.6	431.1	576	203	92.4
塔里木河	阿拉尔+焉耆	15.04	72.76	72.95	67.91	2 050	1 270	791
黑河	莺落峡	1	16.67	20.68	19.83	193	106	42.4
青海湖	布哈河口+刚察	1.57	12.18	18.57	16.34	421	478	142
疏勒河	昌马堡+党城湾	2.53	14.02	18.57	16.34	421	478	142
合计		393.2	14 440	14 530	16 910	145 000	36 700	47 700

由此可见,虽然黄河流域泥沙含量近年总体呈下降趋势,但水少沙多的基本状况未得到根本改变,这也是黄河流域河流区别于其他流域河流的显著特征。

1.2　水环境概况

1.2.1　流域水环境概况

根据《2020 中国生态环境状况公报》,黄河流域水质状况为良好,主要污染指标为氨氮、化学需氧量和总磷。监测的 137 个水质断面中,I～Ⅲ类水质断面占 84.7%,无劣Ⅴ类。其中,干流水质为优,主要支流水质良好。2020 年黄河流域水质类别分布见图 1-2。

为了分析黄河流域水质的变化趋势,本书统计 2011～2020 年近 10 年黄河流域水质变化情况(见图 1-3),统计结果表明,黄河流域水质已有较大程度改善,劣Ⅴ类比例从 2011 年的 43% 降低至

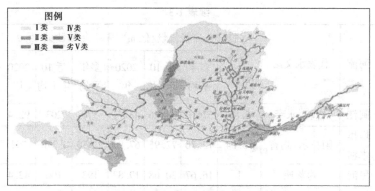

图 1-2 2020 年黄河流域水质类别分布

2020 年的 0,但黄河流域生态环境脆弱、部分营养元素超标严重、支流水质相对较差,流域水环境风险依然存在。此外,黄河流域还面临着水土流失、土壤退化、水源涵养能力降低等突出问题,从而加剧面源污染的影响,对黄河流域生态保护和治理造成了极大威胁。

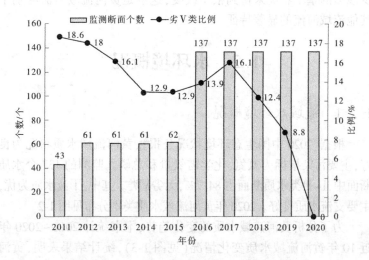

图 1-3 2011~2020 年黄河流域水质变化趋势

1.2.2　典型河湖水环境概况

2018~2020年开展黄河流域典型河湖调查分析,涉及范围包括河源(扎陵湖、鄂陵湖、白河水系)、重要干流(宁蒙河段、花园口等)、支流(湟水河、金堤河等)、湖泊(乌梁素海、岱海)及河口湿地等。图1-4为2018~2020年黄河流域典型河湖野外调查示意图。

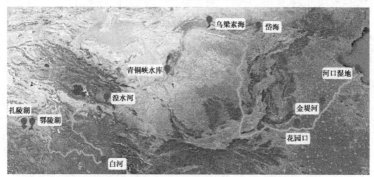

图1-4　2018~2020年黄河流域典型河湖野外调查示意图

2018~2020年黄河流域典型河湖水环境状况调查,氨氮、硝酸盐和总氮的平均浓度分别为0.52 mg/L、1.42 mg/L和6.48 mg/L,其中总氮类别为劣Ⅴ类(见图1-5);磷酸盐、总磷平均浓度分别为0.011 mg/L和0.073 mg/L,其中总磷类别为Ⅰ~Ⅱ类(见图1-6)。黄河是我国西北、华北地区重要的水源,20世纪八九十年代,随着经济社会的发展,流域排污量增加,黄河水污染严重。目前,黄河流域干流水质存在风险,支流水污染严重。流域排污相对集中,主要纳污河段以约35%的水环境承载能力接纳了流域约90%入河污染负荷,重要城市河段和中上游能源重化工基地入河污染物总量严重超过水环境承载能力,宁蒙灌区、汾渭平原等面源污染凸显。汾河、延河、泾河等支流污染严重,部分河段饮用水水源地和排污口交互布局,流域饮水安全受到威胁。

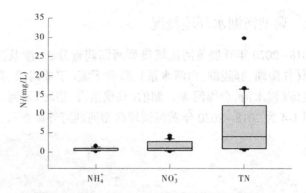

图 1-5 黄河流域典型河湖不同形态氮浓度含量

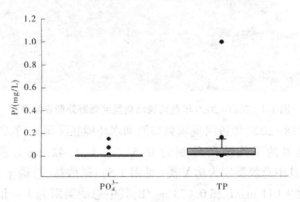

图 1-6 黄河流域典型河湖不同形态磷浓度含量

1.3 引黄灌区农业面源污染特征

1.3.1 流域农业面源污染发展趋势

1.3.1.1 河套平原

河套平原分布有黄河流域 3 个特大型灌区之一的河套灌区。

河套灌区西与乌兰布和沙漠相接,东至包头市郊区,南临黄河,北靠阴山,东西长 250 多 km,南北宽 40~60 km,总土地面积 1 679.3 万亩(1 亩 = 1/15 hm²,全书同)。引黄灌溉面积达 1 000 多万亩(2018 年),占总土地面积的 59.5%,是全国重要的商品粮油基地[2]。

据报道,河套灌区近年来化肥施用量高达 1 050 kg/hm²,远高于 352 kg/hm² 的全国平均水平,其中氮肥施用量达到 340 kg/hm²,远高于我国小麦氮肥 169 kg/hm² 的推荐用量。曹连海等[3]利用水足迹评价理论对河套灌区的农业面源污染进行评价,发现 2005~2008 年河套灌区化肥、农药的灰水足迹有逐年增大的趋势,存在化肥和农药利用率较低的情况。河套灌区的农业面源污染集中表现在总排干沟及乌梁素海的水污染。根据杨明利等[4]的研究,2001 年之后,总排干沟水质每况愈下,直至 2010 年才开始有所好转。贾红梅等[5]总结了 2002~2009 年总排干沟和乌梁素海氮污染特征,发现其间总排干沟 4 月氮污染最严重,乌梁素海年际变化规律不明显,入口处受总排干沟的影响,氮污染严重,常年属 V 类水,湖中和出口处水质好转,但仍属 IV 类水。田志强等[6]对 2009~2017 年总排干沟氮污染负荷进行了估算,发现 2012 年之后点源污染得到有效控制,农业面源氮污染加剧,总体上氮污染得到一定的控制。孙鑫等[7]通过采样调查发现,2016 年乌梁素海总氮平均浓度在秋季达到最高(2.9 mg/L),总磷在冬季达到最高(0.1 mg/L)。如前所述,乌梁素海氮、磷浓度沿入口处向外呈梯度分布,因此入口处附近氮、磷浓度应较平均浓度更高。

1.3.1.2　汾渭平原

汾渭平原是黄河流域汾河平原、渭河平原及其周边台原阶地的总称,北起山西省阳曲县,南抵陕西省秦岭山脉,西至陕西省宝鸡市,呈东北—西南方向分布,长约 760 km,宽 40~100 km,土地总面积 7 万 km²,是黄河中游最大的冲积平原。汾渭平原地势平坦,耕地集中连片,是黄河中游区光热水土条件匹配最好的区域,农业开发历史悠久,水利灌溉发达,农业机械化程度高。

据报道,汾河流域平均化肥施用量从 1979 年的 244.5 kg/hm²
增加到 2012 年的 667.5 kg/hm²,化肥平均利用率仅为 30% ~
35%[8]。汾渭平原农业生产过剩氮由 2006 年的 112 万 t 增加到
2014 年的 137 万 t[9]。霍岳飞等[10]对汾河水库及主要入库河流
水质进行了分析,发现 2002~2011 年间总氮和 COD 超标严重,主
要来自生活污染和农业面源污染。董雯等[11]对渭河西安—咸阳
段水质进行了调查,发现总氮、总磷浓度范围分别为 0.80 ~
47.5mg/L 和 0.01~5.38 mg/L,其中农业面源污染贡献率占 35%,
而流域内以耕地为主的沣河农业面源污染负荷占到 60% 左右。
刘吉开等[12]预测未来渭河流域陕西段总氮总磷负荷增加,农业面
源污染问题将越来越突出。

1.3.1.3　黄淮海平原

黄淮海平原即华北平原,是我国第二大平原,面积广袤、地势
低平,是典型的冲积平原,北抵燕山南麓,南达大别山北侧,西倚太
行山—伏牛山,东临渤海和黄海,跨越京、津、冀、鲁、豫、皖、苏 7 个
省、直辖市。土地面积 30 万 km²,土层深厚、土质肥沃,耕作历史
悠久,是以旱作为主的农业区,粮食作物以小麦、玉米为主。黄河
流域内黄淮海平原主要分布在河南和山东两省的部分地区。

黄淮海平原 2006 年和 2014 年过剩氮分别达 600 万 t 和 643
万 t,呈上升趋势[9]。陈冲[13]的研究表明,1978~2012 年间,河南、
山东两省农业氮、磷过剩量均值分别达 182.5 万 t/35 万 t、252.8
万 t/52.6 万 t,主要来源为农业种植和畜牧养殖,且仍存在进一步
加重的风险。据报道,2010 年东平湖上游大汶河流域内农业源
氮、磷污染排放量分别占排放总量的 74.5% 和 83.9%,表明农业
面源污染已成为流域内最大的污染源[14]。

综上所述,黄河流域主要农业区农业面源污染负荷均呈现逐
年增加态势,对河湖水系水质造成了严重的影响。尽管我国在加

强现代农业建设方面持续开展了许多工作,如推进节水农业、测土配方施肥、作物病虫害生态防治、种植结构优化等措施,但由于黄河流域农业种植规模庞大、果菜需求不断增加,化肥、农药的需求随之增加,未来一段时间内,农业面源污染仍将保持较高负荷。

1.3.2 农业面源污染迁移规律

农业面源污染往往来源于化肥、农药的过量使用和畜禽养殖废水排放,具有广泛性、随机性、脉冲性的特点,通过农田漫灌、降水径流、地下渗漏和自然挥发等途径进入河湖水体[15]。吴晓妮等[16]对不同农田种植方式(蔬菜地、玉米地、大棚种植区)周边典型自然沟渠及土质沟渠自然降雨过程中径流氮、磷含量进行了分析,发现蔬菜地和大棚种植区的农田径流氮含量高于玉米地,大棚区径流的磷含量显著高于蔬菜地和玉米地,降雨是影响径流污染物含量的最重要因素之一,但天然沟渠对氮、磷的拦截效应有限。王晓玲等[17]的研究显示,降雨径流越大,生态沟渠的氮、磷拦截效果越差,表明降雨对农业面源污染的净化有负面影响。余红兵等[18]对灌溉和降雨条件下生态沟渠水体氮、磷变化特征进行监测研究,发现灌溉初期氮、磷输出最高,灌溉后和降雨后均开始递减。以上研究表明,农业面源污染迁移虽然具有一定的规律,但影响其迁移的途径如农田灌溉、降水径流等具有一定的不确定性。农业面源污染往往表现出某一时段或某一河段的高污染负荷,继而持续较长时间的降解过程,这使得其对水质产生较大的危害,又对其在水环境中的自然降解不利。在当前源头治理进展缓慢的情况下,输移过程污染物拦截和污染水体原位治理成为农业面源污染治理的主要途径。

1.3.3 黄河流域灌区渠系特征分析

黄河流域灌区众多,各灌区渠系丰富,往往由干、支、斗、农、毛渠及沟畦构成。以河套灌区为例,灌区共分为 5 个灌域:一干灌域、解放闸灌域、永济灌域、义长灌域和乌拉特灌域。河套灌区的设计灌溉面积为 1 100 万亩,实际灌溉面积为 861 万亩(见图 1-7)。灌区现有总干渠 1 条,干渠 13 条,分干渠 48 条,支、斗、农、毛渠 8.6 万多条;排水系统有总排干沟 1 条,干沟 12 条,分干沟 59 条,支、斗、农、毛沟 1.7 万多条,各类建筑物 13.25 万座[19]。另外,河套灌区还分布有大小湖泊、海子和湿地。灌区的斗渠衬砌采用土壤固化剂预制板,农渠采用混凝土整浇 U 形渠道,毛渠采用未衬砌梯形断面,灌溉方式为畦灌[20]。灌区农作物灌溉,分夏灌、秋灌和秋后灌 3 个阶段,夏灌从 5 月上旬到 6 月底,秋灌从 9 月初到 9 月中旬。这两阶段的灌水都是作物生长期的灌溉。秋后灌是作物收割后的储水灌溉,每年从 10 月初开始至 11 月初结束。灌区退水则由各排水沟汇至总排干和 7 排干、8 排干、9 排干汇入乌梁素海,经退水渠退入黄河。

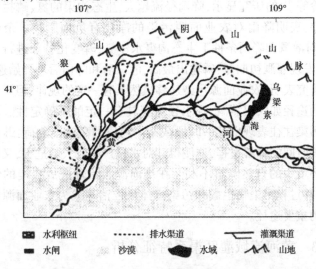

图 1-7　河套灌区灌排体系示意图

黄河下游灌区渠系布置与河套灌区相似。以濮阳市南小堤灌区为例,具有总干渠 1 条,长 35 km,建筑物 111 座;干渠 6 条,长 69 km,建筑物 412 座;支渠 19 条,长 121 km,建筑物 515 座;斗、农渠 1 247 条,长 1 207 km,建筑物 3 389 座;配套干沟 4 条,长 109 km,建筑物 230 座;支沟 10 条,长 123 km,建筑物 335 座;灌区内沟渠纵横,机电井星罗棋布(见图 1-8)。黄河下游灌区普遍采用"集中水流快浇"的轮灌制度,在每级渠道的下级渠道轮流配水[21]。灌溉退水往往在沟渠内保留用于地下水补给,降水量大时通过沟渠退水进入下游天然河道。

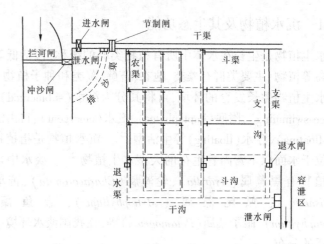

图 1-8 典型引黄灌区灌排体系结构示意图

综上所述,黄河流域灌区一般都具有完善的灌排体系,农田退水通过排水系统进入下游天然水体,其挟带的氮、磷等污染物对下游水体的水质造成一定的冲击。在这条农业面源污染输移途径上,排水系统和下游受纳水体都应是农业面源污染防治工程首先考虑的实施部位。

第 2 章　沉水植物和微藻在水体生态净化中的应用

2.1　沉水植物在水体生态净化中的应用

2.1.1　沉水植物及其生态功能

水生植物是生长在水体中所有植物类群的统称,包括低等植物和高等植物,主要类群有藻类、地衣、苔藓、蕨类和种子植物[22]。根据水生植物生长发育的环境,可将其分为沉水(submerged)、浮游(free-swimming)、附底(haptophytes)、挺水(emergent)、自由漂浮(free-floating)、浮水(floating)等生活型[23]。沉水植物是指植物体全部位于水面以下营固着生存的大型水生植物[24]。淡水中常见沉水植物有黑藻属(*Hydrilla*)、轮藻属(*Characoronata*)、苦草属(*Vallisneria*)、狐尾藻属(*Mytiophyllum*)、金鱼藻属(*Ceratophyllum*)、眼子菜属(*Potamogeton*)等,在我国淡水环境中有着广泛的分布。

沉水植物是湿地植物系统中的重要组成部分,作为水生态系统中的初级生产者,沉水植物可直接吸收水体营养物质、向水体释放氧气、为水生动物提供饵料、促进悬浮颗粒物沉降等,可为浮游动物、底栖动物、鱼类等提供避难、取食场所与栖息地,为形成复杂食物网提供必要条件,是水生生物多样性赖以维持的基础;可通过向水体释放化学物质对藻类生长产生影响,即化感作用(allelopathy),也可与生物膜形成"沉水植物—附着生物膜"二元共生体,协同发挥生态功能,在水体自净化系统中具有不可替代的作用[25-27]。

在富营养化水体中,沉水植物茎、叶表面的微界面是水中氨化、反硝化及厌氧氨氧化等脱氮行为机制的重要基础[28]。包先明等[29]研究了沉水植物生长对沉积物间隙水中氮、磷分布及界面释放的影响,结果表明沉水植物生物量与沉积物—水界面氮的释放通量存在负相关性,与磷释放通量相关性不明显。沉水植物的生长状况会影响水生生物群落结构,当沉水植物衰败甚至消亡时,将造成与沉水植物存在竞争关系的浮游藻类大量繁殖,水生生态系统食物链缩短、螺类、鱼类等种群结构简单化、小型化,资源量骤减甚至消亡[30]。

2.1.2 沉水植物的净污机制及其对附着生物膜的影响

沉水植物可通过多种途径参与水环境中氮、磷的迁移转化及重金属、有机污染物的富集固定过程,如直接吸收、富集、吸附污染物,通过调节周围水体的氧浓度影响附着细菌和浮游细菌的硝化、反硝化速率,通过分泌化感物质调控附着微生物和浮游微生物的群落结构从而影响氮循环微生物的群落组成等。

2.1.2.1 直接吸收作用

沉水植物具有独特的生活特性,它们通过根系固着在水底沉积物中,茎叶在水体中延伸,生长所需的所有营养物质都要从沉积物或水体中获得,释放的物质也将进入沉积物和水体。因而,它们与沉积物及水体之间存在着复杂的物质交换过程。在生长期,沉水植物通过沉积物和水体两个渠道吸收营养物质,而在衰败期,植物体被微生物降解,营养物质又回到水体中,从而形成营养物质在水环境中的循环[31]。沉水植物叶片结构与形态的适应性特征增加了气体交换和溶质迁移的比表面积,使得叶片在形态学上更利于吸收过程。

沉水植物可通过根和叶片吸收氮等营养物质,其中根系不发达的沉水植物如伊乐藻(*Elodea canadensis*)、金鱼藻(*Ceratophyllum demersum*)等以叶片吸收为主,而根系发达的沉水植物如狐尾藻(*Myriophyllum spicatum*)、水毛茛(*Ranunculus aquatilis*)和菹草(*Potamogeton crispus*)等以根系吸收为主[32-34]。沉水植物吸收的氮、磷将在其体内转化为有机物储存在组织中,最终转化为蛋白质、核酸等大分子物质,构成植物体的一部分。因此,研究中通常将沉水植物组织中氮、磷的累积量作为其直接吸收对水环境中氮、磷的去除量[35]。

沉水植物还可通过吸收等作用将重金属离子和一些人工合成有机物富集固定在体内或土壤中,进而减少水体中的污染物。Vaquer[36]通过研究沉水植物对六六六和DDT的富集,发现沉水植物对六六六和DDT的富集是通过叶片的快速主动吸收进行的。Fritioff等[37]研究了菹草对锌、铜、镉、铅的吸附和积累情况,结果表明,菹草通过根、茎和叶对这些重金属进行吸收,且根系富集能力最强;被吸附的重金属与菹草细胞壁结合,而不会将从土壤中吸附的重金属排出到上覆水体中。

2.1.2.2　扩展生态功能

生物膜是指附着于有生命或无生命物体表面被细菌胞外大分子包裹的有组织的微生物群体,往往以细菌、古菌、真菌、藻类等为主形成聚集体,在水体污染物的去除方面发挥着重要的作用。自然水体生物膜往往以细菌和藻类为主,既可通过自身生长直接吸收水体中的氮、磷,还可在吸附过程中将氮、磷富集到生物膜中,从而对水体中的氮、磷进行去除。另外,通过细菌主导的氨氧化、反硝化作用,生物膜最终可将水体中的氮转化为氧化亚氮或氮气,排入空气中,从而达到水体氮去除的目的[38-39]。藻类和细菌"自养—异养"共存的营养特征使自然水体生物膜能够同时利用水体中的有机营养和无机营养,而其吸收过程受氮的环境浓度、生物膜分布及其内部扩散速率的影响[40]。Han 等[41]利用激光共聚焦技术对沉水植物附着生物膜结构进行了三维重建,发现细菌往往附着在植物细胞和藻类细胞表面形成镶嵌结构,有利于内部的物质和能量交换。

沉水植物不仅为附着生物膜的生长提供了附着基质,还对其活性与功能有着重要的促进作用。沉水植物生物膜不仅微生物数量($10^5 \sim 10^7$ 个/cm^2)远高于浮游微生物[42-43],其活性也较浮游微生物高。例如,Thorén[44]在研究一个湿地系统时发现,植物附着生物膜内 37%的细菌是有活性的,而水体中仅有 4%有活性。沉水植物自身光合作用和呼吸作用调控着周围水体氧环境,“好氧-缺氧交替环境”有利于附着细菌的硝化和反硝化过程[45]。另外,沉水植物分泌的有机物质能提供生物膜生长所需的营养物质[46-47],同时也可对生物膜产生化感作用,影响附着微生物群落结构[48]。常会庆等[49]发现伊乐藻分泌的化感物质促进光合细菌、氨化菌和反硝化菌的生长,但对亚硝化菌和硝化菌表现出抑制作用。沉水植物附着细菌群落结构具有“宿主特异性”[26],是影响不同沉水植物净污能力的重要因素。此外,水生植物生长会和藻类争夺生存空间、光热条件和营养物质等,同时其代谢的产物可能抑制藻类正常生长。

沉水植物在白天为周围水体提供氧,维持需氧水生生物的生长,并作为水生动物的天然饵料,维持周围水体生物多样性[50],并通过为浮游动物提供庇护所和栖息地,来调节浮游植物、浮游动物和鱼类的捕食关系[51]。在水流中,沉水植物可以降低植物区水体流速,产生多样化的栖息环境供微生物和水生动物生存繁衍;同时,沉水植物抑制植物区底泥再悬浮并促进悬浮颗粒物的沉降,从而稳定了底泥,提高了水体透明度[52]。

2.1.3 沉水植物生长与净污能力的主要影响因素

由于植物体全部位于水层下面,沉水植物在水生植物各生活型中对环境胁迫的反应最为敏感[53]。沉水植物的生长、繁殖等生命活动与生存环境有着密切联系,水文条件、季节变化、水质条件等对沉水植物生长状况及其净污能力会产生不同程度的影响。

2.1.3.1　水文条件对沉水植物的影响

河流水文条件一般用河流水文特征来描述,主要包含水位、径流量、含沙量、结冰期、汛期、水能、凌汛、径流量变化、流速和补给类型等指标[54]。其中,流速和水位是影响沉水植物生存、生长和繁殖的主要因素[55]。

1. 流速对沉水植物的影响

沉水植物对水流的响应分为两类:一类是水流临时性波动引起的被动响应;另一类是依靠沉水植物个体挠曲硬度和形态学适应性进行的主动响应[56]。在这两类响应机制下,流速对沉水植物的影响具有以下特征。

在河道中,水流产生物理作用力极大地决定了水生植物的空间和时间分布[57],往往使得沉水植物产生适应性的流线型分布[58]。Chambers 等[59]对加拿大西部两条低流速河流中的水生植物进行了调查,发现流速在 0.01~1 m/s,水生植物的生物量随流速的增大而减少,当流速大于 1 m/s 时,水生植物稀少。Ibáñez 等[60]的调查显示,持续期长的洪水对河流中沉水植物的削减作用明显,主要原因是增大的水体流速和水体浊度对沉水植物生长产生的抑制作用。Choudhury 等[50]研究不同水体流速对狐尾藻的形态影响时发现,生长在高、低两个流速的溪水中的狐尾藻主枝长度和侧枝的总长度无明显差异,但其全株干重、侧枝数量、分枝的程度和主枝的直径随着流速的增大而增大;叶片轮生面积和主枝的节间距随流速的增大而减小,说明流速对沉水植物形态学特征有显著影响。

在浅水湖泊中,风浪引起的水流对沉水植物的形态学特征和空间分布同样有决定性作用。Zhu 等[61]对洱海不同风浪区域内生长的亚洲苦草的形态结构和分布情况进行了调查,发现亚洲苦草主要分布在防风的滨岸区域,且不同风浪区域间的亚洲苦草形态特征差异较大,强风浪区亚洲苦草最高、中等强壮、柔性中等,弱风浪区亚洲苦草最矮小强壮且柔性最差,防风区亚洲苦草为最不强壮的中等株高,但柔性最好。这说明亚洲苦草对水流的影响具有一定的适应能力,往往通过改变形态学特征来适应水流的强度,但水流的胁迫作用终将影响亚洲苦草的分布。Van Zuidam 等[62]研究了波浪动力对沉水植物的影响,推测当湖泊中沉水植物暴露在强力波浪动力下时将阻碍其幼苗的定植。

在沉水植物耐受范围内,流速则对沉水植物生理和生长产生一定的影响,并影响着其生态功能的发挥。在低流速段(0~1 cm/s),流速的增大可以促进沉水植物的光合速率,适宜的流速可以促进沉水植物叶片对营养物质、无机碳源和氧气的吸收[63]。较大的流速对沉水植物的生长产生胁迫,降低沉水植物的生长率,并促进沉水植物腐败部分的脱落[64]。流速的增大会降低沉水植物对悬浮颗粒物的吸附,而流速的减小则会引起沉水植物覆盖率的增大,并有利于对悬浮颗粒物的吸附,从而增加水体透明度[65]。

2. 水位对沉水植物的影响

水位对沉水植物的分布、形态、生长和群落结构产生着重要的影响。沉水植物生活在水下,在不同的水体中定植深度不同,例如,沉水植物在抚仙湖中的定植深度可达 10 m,在洱海中则最大不超过 6 m,且有逐年降低的趋势[66]。水深的差异使得沉水植物的形态结构产生差异,例如,苦草在深水中叶片更长、更薄,篦齿眼子菜的生长型在深水中从原来的毛刷型变为聚合型,而狐尾藻分配到根和茎的生物量减少[67]。水深变化对沉水植物生理活性如植物叶片叶绿素的组成与分布、光合荧光特性和相关酶含量及活性等有一定的影响[68]。由于不同沉水植物对水深的耐受性不同,水位对沉水植物的群落结构产生重要的影响,相关研究表明,马来眼子菜的最佳生长深度是 $60\sim120$ cm[69],而菹草为 $0.5\sim2.5$ m[70]。同时,水位的波动也会影响沉水植物的生长,影响其群落结构。如轮叶黑藻和伊乐藻在静水中生长较好,但金鱼藻在水位波动的情况下生长更好[71]。

水位对沉水植物的影响主要与不同水深下沉水植物可获得的光照强度差异有关,沉水植物为了获得足够的光照,产生了一些适应性生长,如株高的增加、叶片比表面积的增加、叶绿素含量的升高等,而当沉水植物可获得的光强低于光补偿点时,沉水植物将会消亡[72]。Xiao 等[73]的研究表明,水位变化会导致光照、水温、pH、溶解氧和底泥性状等方面的变化,从而影响沉水植物的生长与繁殖。另外,水深对沉水植物的影响与水体透明度有关,由洪水引起的水位上升和透明度降低是河流沉水植物衰败甚至消亡的重要因素[74]。

2.1.3.2 季节变化对沉水植物的影响

常见沉水植物多为一年生或多年生草本植物,生活周期受季节变化调节影响。一般来说,季节变化过程中温度和光照是影响沉水植物生理生长的主要因素[75],对沉水植物净污能力也有显著影响[76-77]。

1. 季节变化对沉水植物生长的影响

沉水植物生物量和群落结构受季节变化影响较大,这种变化可能与温度和水下光照的变化有关。刘伟龙等[78]对西太湖持续 4 年的水生植物时空分布调查显示,水生植物尤其是沉水植物的生物量和物种组成季节性差异较大;刘红艳等[79]对汉阳地区 5 个湖泊中的沉水植物分布进行了调查,结果显示,沉水植物优势种存在明显的季节更替。有研究表明,不同沉水植物的生长对温度的要求也不同,例如金鱼藻最适生长温度是 30 ℃[80],美洲苦草是 28 ℃[81],而轮叶黑藻、伊乐藻、竹叶眼子菜和狐尾藻的最适生长温度为 20 ℃[82]。另外,光照随季节变化产生一定的差异。摆晓虎等[83]对洱海水体光学特性的季节变化调查显示,光学衰减系数的季节变化规律为春季<冬季<秋季<夏季,这一规律与水体浊度和叶绿素 a 含量显著相关。

沉水植物的生理生长受到其遗传特性和生长阶段的影响,而沉水植物的生活周期受到季节变化引起的温度和光照等环境因子的调控[84]。温度通过影响植物的光合作用、呼吸作用、细胞分裂和伸长影响植物的生长。朱丹婷[85]研究了光照强度、温度和总氮浓度对黑藻、苦草和竹叶眼子菜生长的影响,结果显示,10 ℃以下 3 种沉水植物的生理活动受到抑制,而光照强度的减弱显著抑制沉水植物光合色素的合成。Spencer 等[80]对冬(5 ℃)、夏(30 ℃)两季密歇根州东南部湖泊中生长的金鱼藻净光合作用和暗呼吸作用进行了测定,结果表明,冬季植物的净光合速率、可溶性蛋白浓度、核糖-1,5-二磷酸羧化酶/加氧酶(Rubisco)蛋白浓度和活性分别较夏季植物低 32%、31%、33% 和 70%,而冬季植物的暗呼吸速率比夏季植物大 313%,低温下净光合作用减少和暗呼吸作用增加增加了冬季植物的二氧化碳和光补偿点、光饱和点,从而降低了冬季植物的生长速率。光照是沉水植物光合作用和光合色素形成的关键影响因子。光照对沉水植物呼吸速率影响较小,但通常情况下沉水植物最大光合速率随光强的减弱而显著下降[86]。另外,沉水植物对光的适应性不同,汪斯琛[87]调查了鄱阳湖湿地中沉水植物黑藻、苦草和小茨藻的分布、叶绿素含量和光合荧光参数的季节差异,发现苦草春季的光合作用活性较高,而黑藻和小茨藻夏季的光合作用活性较高。光照不仅对沉水植物的光合作用有重要影响,也是沉水植物胚芽萌发的关键环境因子。李文朝等[88]对苦草、黑藻、金鱼藻和菹草的营养繁殖体萌发的光需求进行了研究,结果表明,菹草繁殖芽的萌发需要强光刺激,而苦草、黑藻和金鱼藻繁殖芽的萌发不需要光刺激,但水底光强小于 5% 时形成白化苗,不能进行正常的光合作用。

2. 季节变化对沉水植物净污能力的影响

一方面,沉水植物在生长期对水体中的营养盐和污染物质有较强的去除能力,大量研究表明,在富营养化水体营养盐去除试验和污水厂尾水深度处理试验中,沉水植物净污能力存在季节差异。例如,除冬春季节生长的菹草外,沉水植物对水体污染物的去除能力一般为夏季最高,春秋季次之,冬季最低,温度与总氮和总磷的去除率呈显著相关[89-91]。沉水植物的生理活性是影响其对水体中氮、磷直接吸收的重要因素,而如前所述,季节变化过程中水温和光照是影响沉水植物生理生长的主要影响因子。另外,在沉水植物对水体中其他污染物的去除方面也有类似的规律。例如,Fritioff 等[92]研究了温度对伊乐藻和眼子菜的重金属吸收能力的影响,发现在 5~20 ℃时,随着温度的升高,两种沉水植物组织中重金属含量显著增加,说明温度对沉水植物的重金属吸收能力有重要影响。

另一方面,如前所述,沉水植物在生长期为附着生物膜提供了生态位,拓展了附着生物膜的生物量并为其提供氧和营养物质等,为附着生物膜的净污行为提供了条件;而同时附着生物膜受到季节变化过程中温度和光强等因素的影响,其净污能力也产生一定的季节性差异[93]。

2.1.3.3　水质条件对沉水植物的影响

1. 水质条件对沉水植物生长的影响

河湖环境中,水体营养盐浓度和浊度对沉水植物生长有显著影响。一般情况下,当水体营养水平较低时,营养盐浓度越高,越有利于沉水植物生长;当富营养化水平达到一定程度时,沉水植物生长受到抑制。例如,张兰芳等[94]在不同氮、磷浓度下培养菹草和伊乐藻,发现氮、磷浓度都在 0~25 mg/L 时,营养盐浓度的增加促进两种沉水植物的生长,而当超过这个范围时,两种沉水植物生长受到抑制。高敏等[95]对太湖中不同营养水平下马来眼子菜的主要生理指标进行了比较,发现中营养水平下马来眼子菜生长较好。另外,不同沉水植物生长的最适宜水质存在差异,这也是水体富营养化过程中群落演替的重要原因[96-97]。

富营养化对沉水植物生长的影响主要通过直接的生理胁迫和间接的环境调节来进行。一方面,高浓度营养盐对沉水植物的胁迫反映在主要生理指标如叶绿素含量、抗氧化酶系统、相对电导率等方面。例如,Zhu 等[98]的研究表明大于 8 mg/L 的氨氮浓度抑制亚洲苦草的生长,不仅抑制了其叶绿素的合成,增加了表皮细胞通透性,还增加了其抗氧化酶含量。Qian 等[99]对不同氮磷浓度和植株密度下的菹草单株生物量进行了比较,发现营养盐浓度和植株密度的增加通过影响植株的形态学特征来调节沉水植物单株生物量。水体营养盐浓度对沉水植物根和枝条等的生长及再生能力有显著影响,这将影响其在水环境中的进一步定居和传播[100]。另一方面,富营养化水体中藻类和浮叶植物的大量生长对沉水植物产生了遮蔽,限制了其生长空间,造成了沉水植物的逐步退化[101]。

水体浊度是影响水体透明度的主要因素,对沉水植物的光照获取有重要影响。温腾[102]对不同浊度下苦草和黑藻的幼苗的生长情况研究表明,在水深小于 60 cm 的泥沙型浑浊水体中,适宜苦草幼苗生长的水体浊度为小于 60 NTU,而黑藻幼苗在浊度小于 90 NTU 的情况下生长未受到明显抑制。在水深小于 1.5 m 的泥沙型浑浊水体中,水体浊度大于或等于 120 NTU 时,菹草生长完全被抑制,水体浊度大于 90 NTU 时,黑藻生长被抑制,水体浊度大于或等于 60 NTU 时,苦草生长完全被抑制[103]。朱光敏[104]对水深 50 cm 的泥沙型浑浊水体中马来眼子菜和轮叶黑藻的生长和光合作用进行了研究,发现浊度大于 120 NTU 时,两种沉水植物的生长和光合作用受到显著抑制。王晋等[105]对水深小于 65 cm 的泥沙型浑浊水体中不同浊度(30 NTU、60 NTU 和 90 NTU)下菹草的生长进行了研究,结果表明,不同浊度的水体对菹草生长过程中的株高影响程度不同,但不影响其最终株高,而浊度越高,菹草叶片数量越少。水体浊度不仅影响沉水植物的生长,还对沉水植物繁殖芽的萌发有影响。例如,王文林[106]研究了水深小于或等于70 cm 的水体浊度变化对菹草和苦草萌发的影响,发现菹草在水体浊度小于或等于 90 NTU 时可正常萌发和生长,而亚洲苦草在水体浊度大于 60 NTU 时幼苗不易存活。由此可见,在浅水中,不同沉水植物对水体浊度的耐受性不同,但各研究结果比较一致,基本确定了几种沉水植物的生长对水体浊度的要求阈值。

2. 水质条件对沉水植物净污能力的影响

沉水植物净污能力的发挥是以其生存为前提的,研究表明,在高浓度污水中沉水植物不能存活。例如,王斌等[107]将菹草培养在生活污水中,10 d 内菹草即完全失去活性。许秋瑾等[108]在COD 分别为 318 mg/L、157 mg/L 和 30 mg/L 的生活污水中培养轮叶黑藻,发现 COD 为 30 mg/L 时轮叶黑藻未受到胁迫,而在另外两个 COD 浓度下受到明显的胁迫。在实际应用中,多数沉水植物可以耐受生活污水处理厂尾水水质,并存在一定的净污能力,但水质越差,其直接吸收对污染物去除的贡献较低。赵安娜等[109]对沉水植物深度净化污水厂尾水(一级 B 标准)的去除能力研究发现,沉水植物对总氮和总磷的去除率分别为 19.44% ~ 64.71%和 28.13% ~ 98.33%,而其直接吸收量不到污染物总量的 2%。刘海琴等[110]研究了沉水植物轮叶黑藻对污水厂尾水(一级 A 标准)的深度处理能力,结果表明,轮叶黑藻对总氮、总磷的去除率分别为 43.41%和 32.47%,直接吸收量占污染物的 11.34%和 76.34%。在富营养化水体净化试验中,营养水平越高,营养盐去除率越高。李欢等[111]对室温 27 ~ 36 ℃条件下 3 个富营养化水平(低:TN = 6 mg/L,TP = 0.6 mg/L;中:TN = 10 mg/L,TP = 1 mg/L;高:TN = 30 mg/L,TP = 3 mg/L)水体中 4 种沉水植物组合群落的营养盐去除能力进行了比较,结果表明,由狐尾藻、黑藻、金鱼藻和竹叶眼子菜组成的沉水植物群落对水体总氮和总磷的去除率(2 个月)随水体中营养盐浓度的增加而显著增加。由此可见,沉水植物可耐受的营养盐水平远高于当前河湖水体营养盐水平,在河湖沉水植物生态修复中,其生长和净污能力不会受到水体营养盐水平的限制。

在满足沉水植物生长要求的前提下,浊度对沉水植物的水体净化效果有显著影响。其中,流通的河流水体浊度主要与其含沙量有关,而不流通的河流水体浊度主要与浮游藻类有关。吴建勇等[112]比较了用来应对河流水体浊度过高对沉水植物(苦草和轮叶黑藻)的不利影响的不同种植方式,发现无论在沉水植物生长还是在污染物去除方面,都是网箱效果最好,粘扣试网床次之,捆绑式网床效果最差。在富营养化湖泊中,浮游藻类的大量生长是水体浊度增加的主要原因,也是限制沉水植物生长的重要因素。北京翠湖湿地沉水植物修复实践中发现,水体浊度偏高是轮叶黑藻生长的主要限制性因子,采取围隔的方式可使沉水植物种植区的浊度迅速降低,从而保证沉水植物的正常生长[113]。

2.1.4 沉水植物生态净化技术应用现状

近些年来,沉水植物及其附着生物膜的生态功能越来越受到关注,在河湖生态修复实践过程中得到越来越广泛的应用,相关的应用研究也随之大量开展。

国内沉水植物主要应用于富营养化湖库、河道生态修复和尾水深度处理湿地等。其中以各大湖泊、水库、断头浜的研究较多,研究区域普遍在太湖流域、长江流域、海河流域等,而黄河流域相关研究较少。相关研究往往采用围隔试验的形式,通过监测某时间段内水体中总氮、氨氮、总磷、COD 等污染物指标的变化总体评价沉水植物—附着生物膜对污染物的去除作用,筛选优势种或优势组合。例如,在秦皇岛市洋河水库的沉水植物生态修复围隔试验中,金鱼藻、黑藻和马来眼子菜对试验区水体的总氮、氨氮、总磷、正磷酸盐和 COD_{Mn} 都有明显的去除效果[6]。在以苦草恢复为主的惠州南湖生态修复与构建(中试)工程中,苦草覆盖率达50%~60%时,工程区水体中总氮和总磷分别降低 52.67% 和54.47%,叶绿素含量降低 78.59%,同时水体透明度显著提高[7]。在太湖某入湖河道断头支流中设置的以菊花草、苦草、伊乐藻、轮叶黑藻和菹草等沉水植物构成的沉水植物网床显著提高水体透明度,并对水体内总氮、氨氮、亚硝态氮、硝态氮、总磷和磷酸盐等去除效果明显,5 个月后去除率达到 72.7%~92.4%[8]。在上海市某流动的泥沙型富营养化河道进行的生态修复工程中,水花生和狐尾藻网床显著降低水体中总氮、硝态氮、亚硝态氮、总磷和磷酸盐的浓度,4 个月后去除率达到 43.12%~84.48%,并提高了水体透明度[114-117]。除此之外,这类试验往往还关注沉水植物调控带来的浮游微生物群落特征的改变[118-120],最近几年也出现了沉水植物-水生动物组合[121-122]、沉水植物-固定化微生物组合[123]等生态修复技术的研究。而在尾水深度处理方面,耐污能力则是沉水植物种质筛选的重要指标[124-125]。国外研究在微观上侧重于沉水植物与其他水生生物如藻类、细菌、真菌、大型无脊椎动物等之间的调控关系[126-127],以及环境条件对沉水植物生态功能的影响方面[128];宏观上则在总结前期修复工作的基础上,结合社会发展和生态过程指出湖泊生态修复工作的未来前景,提出相应的政策和措施建议[129-130]。

总体而言,沉水植物在河湖生态修复应用研究中表现出较好的水质净化效果,尤其在各形态氮的去除方面有其独特优势[131-132]。不仅应用研究为指导沉水植物生态修复实践提供了诸多参考,相关机制研究也取得了丰富的成果,增强了人们对沉水植物——附着生物膜的认识。

2.2　微藻在水体生态净化中的应用

2.2.1　微藻及其生态功能

微藻(microalgae)是一类形态微小、广泛分布于海洋和陆地上的光合自养型生物,是藻类按照细胞大小区分类型之一(另一种是大型藻,如海带、紫菜、裙带等),约占迄今已知的 3 万余种藻类的 70%。根据微藻的生长环境可分为水生微藻、陆生微藻和气生微藻;根据生活方式不同又可分为浮游微藻和底栖微藻。微藻细胞微小(几微米到几百微米)、形态多样、分布广泛,对环境适应性强,可以在海水、碱水、污水,甚至盐碱地、干旱沙漠等极端环境中生长繁殖,是地球上最早诞生的重要生命类群。

微藻资源丰富、种类繁多、生长速度快、具有极大应用价值,可以在淡水、海水及污水等不同生境中生长。作为地球上重要的初级生产力,微藻可以通过光合作用利用水体中的氮、磷等无机营养物质合成自身所需的有机营养成分[133-134],对于维护全球生物地球化学营养物质循环和能量流动具有重要意义。由于微藻生长过程中对氮、磷等营养元素具有较高的需求,利用微藻处理高营养盐水体可以克服传统生态修复方法中的弊端,如处理效率低、占地大等问题。另外,微藻具有不占用土地资源、环境适应能力强、生长迅速、光合作用效率高等优势,利用富营养化水体培养微藻,不仅可以净化水质,而且收获藻体可以用来生产饲料、食品、生物柴油等,既能保护环境,又能实现水体的生态净化。

2.2.2　微藻的净污机制

藻类是光能自养型生物,在光合作用过程中,它们以光能为能源,利用简单的无机物合成有机物,维持自身生长繁殖。藻细胞能吸收和同化大量的氮、磷等营养物质,进行光合自养作用,从而使污水中的氮、磷含量减少[135]。例如,微藻中的小球藻、栅藻、螺旋藻等均有水体净化吸收氮、磷的能力。

微藻在净化水体时,在光照条件下微藻细胞进行光合作用,捕获并吸收利用水体中的 NH_4^+、NO_3^-、PO_4^{3-}、HCO_3^- 进行合成代谢,在微藻细胞内部合成蛋白质、油脂等物质。其中,NH_4^+、NO_3^- 可作为氮源,通过主动运输的方式进入到微藻细胞内(见图 2-1)。PO_4^{3-} 可作为磷源,可直接吸收进入细胞内部参与细胞代谢活动。当微藻生物量达到一定浓度时,采收而获取生物质能,提取微藻细胞中的有机物进行生产利用。

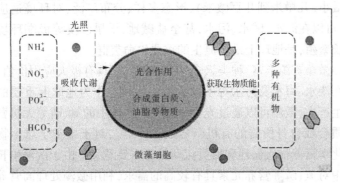

图 2-1　微藻氮、磷去除示意图

微藻(microalgae)能够利用光能和二氧化碳进行生长。1958年,Redfield 首次证明浮游生物的 C、N、P 元素具有特定的组成比例,即摩尔比为 106∶16∶1,同时,Redfield 指出该比率受环境与生物相互作用的调节[136]。根据李比希最小因子定律,微藻生长取决于外界提供给它的所需养料中数量最少的一种,即氮、磷为微藻生长关键限制性营养元素。为此,学术界关于藻类生长受磷限制还是氮磷限制的争论一直在持续。王司阳等[137]通过研究一种典型微藻(水华鱼腥藻)生理生化特性,提出氮、磷对于藻类具有共生依赖性,即从生理生化角度揭示氮、磷营养物质对于微藻生长具有相互依存的关系。

2.2.2.1　微藻去除氮元素机制

微藻吸收氮元素合成蛋白质、核酸、叶绿素等细胞内活性物质。在受污染的河湖水体中,氮元素主要以氨氮、硝态氮、亚硝态氮以及有机氮(尿素等)等形式存在。硝态氮、亚硝态氮分别在硝酸盐还原酶以及亚硝酸盐还原酶的作用下转化为氨氮,同直接吸收的氨氮一同并入碳骨架(见图 2-2)。

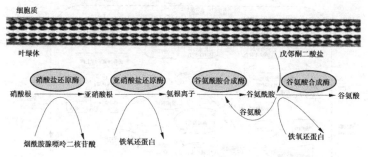

图 2-2　微藻氮代谢途径

微藻同化氨氮的重要途径是谷氨酰胺合成酶途径,过量吸收氨氮会抑制叶绿体的光合作用从而对微藻的生长产生不利影响。谷氨酰胺合成酶途径有效地将多余的氨氮与谷氨酸合成谷氨酰胺,降低毒性;此外,微藻光合作用使水体呈碱性,碱性环境利于水中氨的挥发,也起到了去除水中氮的作用,但是过高的游离氨含量会抑制微藻生长[138]。在多种氮源同时存在的条件下,微藻会优先利用还原态氮,由于氨氮的谷氨酰胺合成酶途径与硝态氮还原对 ATP 形成竞争,氨氮的存在会抑制硝态氮的吸收[139]。有研究结果表明,植物优先利用铵态氮,但当植物吸收了过多的铵态氮时就会产生毒害[140],而且铵态氮的存在还会抑制硝态氮的吸收[141]。

2.2.2.2 微藻去除磷元素机制

磷元素是微藻合成 ATP、DNA、RNA、NADPH 等的必要元素。在受污染的河湖水体中,磷元素主要以正磷酸盐及有机磷的形式存在,有机磷在微藻磷酸盐胞外酶的作用下可以分解为正磷酸盐。除吸收维持生命活动所需的磷元素外,微藻还可以过量吸收磷储存于细胞中,过量吸收的磷酸盐在藻细胞内被转化为聚磷酸盐,一般分为酸溶性聚磷酸盐以及酸不溶性聚磷酸盐两种(见图 2-3)。

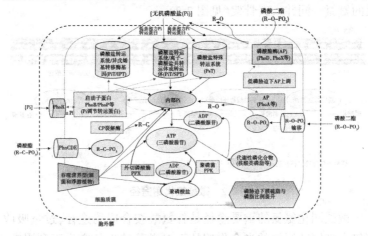

图 2-3　微藻磷代谢途径[142]

研究表明,在磷酸盐浓度高于 5 mg/L 的环境中,酸溶性聚磷酸盐积累;而酸不溶性聚磷酸盐在各磷酸盐浓度(<30 mg/L)下均有积累,一旦环境中磷酸盐浓度不足,酸不溶性聚磷酸盐会迅速分解[143],将处于缺磷环境中的微藻重新投入富磷环境中,会出现"过度补偿"现象,藻细胞过度吸收磷酸盐并储备为聚磷酸盐,从而迅速提高磷的去除速率[144]。

2.2.3　微藻生长的主要影响因素

2.2.3.1　光照

微藻是一类光能自养型生物,光照条件是限制其生长的重要因素,只有在充足且适宜的光照条件下,微藻才能以较快的速度生长。微藻在光照条件下,利用水和二氧化碳合成有机物质,可用下述方程表示:

$$6CO_2 + 6H_2O \rightarrow C_6H_{12}O_6 + 6O_2$$

从上述方程式可以看出,光合作用是一个自由能增加的过程,即必须有光能的存在才能进行的反应,一般由光反应和暗反应两个反应过程组成。光反应是在有光的条件下进行的反应,包括光能的吸收、传递和转换等过程。光反应的最终电子供体是 H_2O,最终电子受体是 NADP+,反应结果产生了固定和还原 CO_2 所需的能量(ATP)和还原力($NADPH_2$),同时产生氧气。暗反应实质上就是一个酶化学反应过程,这一过程主要受 CO_2 浓度、温度和其他有关培养条件的影响和控制,是固定 CO_2 的具体过程。

2.2.3.2　温度

温度对微藻的生长和发育有着重要的调节作用,是影响藻细胞生理变化的主要因素,对藻细胞内酶的活性、营养物的吸收利用效率及细胞分裂等方面都存在不同程度的影响。温度变化能够迅速导致藻细胞新陈代谢和生长繁殖的变化,微藻对温度的耐受能力因种类不同而存在很大的差异,因而各种藻类对温度的要求不同,存在不同适温范围。高温或低温都会对微藻的生长造成危害,超过适宜温度范围会造成微藻细胞的伤害,影响微藻正常生理代谢活动。大部分微藻在温度较低的春秋季生长繁殖,适宜温度范围为 10~25 ℃,在最适或者接近最适温度下,微藻细胞生长速率最大,生物质产率也最高。

2.2.3.3　盐度

微藻与其他水生生物一样,对长期生活环境的盐度变化有一定的适应能力,盐度在一定程度上影响着微藻的渗透压、营养盐吸收及其悬浮性。淡水微藻可以耐受 0.15 mol/L NaCl 的渗透压,海水微藻有更高的渗透压耐受力,约为 0.5 mol/L NaCl。过高或过低的盐度对藻类细胞均会造成伤害乃至死亡。

近年来,有关盐度影响微藻生长的机制引起了广泛的关注,微藻在长期的进化过程中对其生活环境的盐度形成了一定的适应力,盐度过高或过低都可能会降低藻细胞内某些酶活转运载体的活性,使藻体细胞的生存能力下降,同时微藻在盐度过高或过低时为维持渗透平衡需要消耗一部分能量,也将严重影响微藻的正常繁殖和代谢。

2.2.3.4　营养盐

营养盐是微藻生长的基础,微藻生长必需的营养元素有碳、氧、氢、钾、钙、镁、铁、硫、磷等十几种(见表 2-1),此外还需要一些微量元素。在培养过程中氮和磷往往会成为微藻生长的限制性营养元素,影响藻细胞的生长和细胞内组分的合成。

氮是微藻生长、发育、繁殖等生理活动不可缺少的重要元素之一,通常可以被微藻利用的氮源有铵盐、硝酸盐及尿素等,但在吸收速度与利用程度上有所差异。微藻利用氮的能力的顺序为:氨氮>尿素>硝态氮>亚硝态氮,氨氮可以直接通过转氨基作用合成氨基酸,而其他氮源都需要通过酶的催化转化为氨氮再被细胞利用。随着氮浓度的增加,微藻的生长速率表现出先升高后下降的现象,高浓度的氮对生长有一定的抑制作用,这可能是由于高浓度的氮会影响藻细胞的呼吸作用,不利于细胞正常生理代谢所致。

磷是藻类生长发育所必需的元素,常用的磷源有磷酸盐、磷酸氢盐。磷在藻细胞代谢过程以及在水生态系统中起着重要作用,参与信号传递、能量转换和光合作用等生理活动,也是水体中微藻竞争产生优势种群的原因之一。微藻对不同形态的磷酸盐有着不同的代谢机制,其中正磷酸盐最容易被吸收,且对生长促进作用显著。在一定范围内,微藻的生长随着磷浓度的增加而提高,但是过量的磷浓度也可能会对微藻起到抑制作用。

表 2-1 微藻生长所需的主要元素

主要元素	功能
N	氨基酸、核苷酸、叶绿素、藻胆素
P	ATP、DNA、磷脂
Cl	光合作用中产生氧、三氯乙烯、高氯乙烯
S	一些氨基酸,固氮酶,类囊体脂,CoA,角叉藻聚糖,琼胶
Si	硅藻壳,硅鞭藻骨架
Na	硝酸还原酶
Ca	海藻酸盐,碳酸钙,钙调蛋白
Mg	叶绿素
Fe	铁氧化(还原)蛋白,细胞色素类,固氮酶,硝酸和亚硝酸还原酶
K	琼胶和角叉藻聚糖,渗透压调节,许多酶的辅因子
Mo	硝酸还原酶和固氮酶
Mn	光系统 II 复合体的放氧,一些裸藻和绿藻囊壳
Zn	碳酸酐酶,Cu/Zn 过氧化物歧化酶,乙醇脱氢酶,谷氨酸脱氢酶
Cu	质体蓝素,Cu/Zn 过氧化物歧化酶,细胞色素氧化酶
Co	维生素 B_{12}
V	过氧化物酶,固氮酶
Br	具有抗微生物、抗食草动物或植物间毒素抑制功能的卤化物
I	

2.2.3.5　二氧化碳

除上述影响因素外,微藻还存在二氧化碳利用效率的问题。微藻通过光合作用,将溶于水中的无机碳转为自身生长需要的葡萄糖。大部分的微藻只能吸收 CO_2 作为碳源,通过二氧化碳-碳酸盐系统对溶解态的二氧化碳和 pH 起着缓冲作用。由于水溶性二氧化碳的供应不足会引起微藻生长的碳源限制,浓度过高则会抑制细胞的光合活性,导致微藻生长速度下降。

2.2.4　微藻的室内培养与规模化生产

2.2.4.1　室内培养模式

微藻室内培养模式的选择是提高微藻生物质产量的关键,目前微藻培养模式主要有批次培养(一次性培养)、流加培养、半连续培养和连续培养。

1. 批次培养模式

微藻批次培养模式具有操作简单、成本低的优点,是实验室内普遍采用的一种培养方式。在不同培养条件下,研究微藻细胞内特定组分的积累规律和进行最佳培养条件的优化,可为人工控制、调节和提高微藻生长提供一种简便易行的研究方式。批次培养模式具有操作简单、成本较低等优势,在研究不同条件下微藻的生长及特定物质积累中得到了广泛的应用。在进行批次培养时,微藻消耗营养盐尤其是氮、磷的速度较快,容易造成培养液中氮、磷营养盐的缺乏,藻细胞的生长和增殖受到限制,在这种条件下,藻细胞内可积累一些特定的如蛋白质等物质。近年来,通过微藻批次培养,可以有效去除污水中氮、磷等污染物,并能提取藻细胞中的有效成分,实现水质净化与藻类资源化利用的目的。

2. 流加培养模式

流加培养也称为分批补料培养,是指在培养过程中向培养液中添加一种或多种营养物质的培养方法。流加培养技术已经在微生物、动物和植物及微藻培养中得到广泛应用。采用流加培养模式可有效避免底物抑制与毒害作用，促进细胞生长和代谢，获得较高生物量和代谢产物。通过流加培养，可有效调节藻细胞生长过程中的营养盐浓度，使培养液中营养盐浓度维持在合适水平，既能减轻较高初始营养盐浓度引起的抑制和毒害作用，使藻体生长的延迟期大大缩短，又能有效解决批次培养中营养盐限制问题，保证营养盐的持续供给，使微藻长时间处于对数生长期，提高了增殖效率。此外，流加培养模式中营养盐的添加方式简单、容易操作，在提高藻细胞生物量的同时可刺激次生代谢产物的高度积累，在微藻的培养中，尤其是微藻的高密度培养中发挥着重要的作用。

3. 半连续培养模式

半连续培养是在一次性培养的基础上，当藻细胞达到一定浓度后，收获一定量的藻液，补充等量培养液继续培养。半连续培养不仅广泛用于大规模培养，也是微藻实验室研究中常用的培养模式。在半连续培养过程中，由于定时采用新鲜培养液替代等量的原培养液，使培养液中营养成分增加，生物密度下降，透光率增加。因此，藻体光合效率增强，生长速率增快。有利于藻细胞保持良好的生长状态。近年来，半连续培养在微藻油脂积累方面的应用研究越来越多，半连续培养模式也被认为是微藻规模生产生物柴油的最佳培养方式之一。在半连续培养模式下，不同微藻的最适更新率有所不同，不同培养系统中微藻的最适更新率差异也较大。因此，在进行半连续培养时，需要根据不同的藻种及培养系统选择合适的更新率，以提高大规模培养微藻的生物质产量。

4. 连续培养模式

连续培养是指以一定的流速连续向培养系统内添加新鲜培养液，同时以相同的速度流出培养液，使反应器内的细胞生长环境处于恒定状态，这种恒定状态使细胞生长处于一个稳定的环境中，细胞的生长速度、代谢活性处于相对恒定的状态，从而达到稳定高速培养微藻或产生大量代谢产物的目的。稀释率是连续培养模式中最重要的参数;它直接影响微藻的生物质产量、细胞产率以及代谢产物的积累。大多数微藻在一定稀释率范围内连续培养时,生物量随着稀释率的增加而增加,当稀释率超过临界值后,生物量反而会随着稀释率的增加而下降。

　　不同的培养模式对微藻生物量积累以及细胞内代谢组分的合成有很大的影响。因此,选择合适的培养模式尤其是根据不同的目标产物选用不同的培养模式,可以有效地提高微藻生物量和目标产物的产率,从而降低微藻的培养成本,缩短微藻培养周期。随着能源、食品等需求不断增加,微藻产业必将受到越来越多的关注,微藻的培养模式将会在微藻产业化过程中发挥更加重要的作用。

2.2.4.2　规模化生产

　　近年来,美国、德国和日本等发达国家已把海洋生物技术列为重点发展方向,尤其注重海洋微藻的大规模培养及其天然活性物质的分离提取等关键技术创新。与国外相比,我国的微藻大规模培养起步较晚,20世纪50年代中期才开始对小球藻和栅藻等微藻进行相关研究;70~80年代主要对螺旋藻、盐藻及部分固氮蓝绿藻的大量培养及应用进行了研究,并取得了一定的成绩;90年代是我国微藻生物技术发展的快速时期。中国科学院有关研究所及高校等在微藻基础研究,微藻的高密度大规模培养,微藻基因工程及微藻生物活性物质的分离纯化、新型光生物反应器研制等多方面进行了系统研究,取得了较大的进展。

　　光生物反应器是实现生物技术产品工业化的最重要环节,是连接上游技术和产业化的桥梁。目前,微藻规模化培养系统包括开放式光生物反应器和封闭式光生物反应器。开放式光生物反应器构建简单、成本低廉及操作简便,但存在易受污染、培养条件不稳定等缺点。封闭式光生物反应器培养条件稳定,可无菌操作,易进行高密度培养,已成为今后的发展方向。一般封闭式光生物反应器有管道式、平板式、柱状气升式、搅拌式发酵罐、浮式薄膜袋等。近年来光生物反应器发展迅速,包括对原有的反应器的改造,各种新型反应器的设计以及操作系统与检测技术的完善等。

1. 开放式光生物反应器

所谓开放式光生物反应器,是指开放池培养系统(open pond culture system),其最突出的优点就是构建简单、成本低廉、操作简便。开放式光生物反应器主要有4大类:开放池塘反应器、跑道池反应器、循环池反应器以及浅池反应器,其中最典型、最常用的开放池培养系统是Oswald于1969年设计的跑道池反应器,它由一个圆环形的闭合水槽构成,槽内的培养液由一组转浆驱动。可以在转浆前面加入微藻所需的营养物质,同时在转浆后面收获已经成熟的生物质。转浆会驱动微藻及其所需营养物质、CO_2 等气体充分混合,也能避免微藻细胞沉降。

自开放式培养系统开发以来,除对其混合及在线检测系统等方面进行一些改进外,其总体结构至今仍无太大的变化,是最古老的一类藻类培养系统。应用于生产中的该类培养系统实际上就是占地面积为 1 000~5 000 m^2、培养液深度为 15 cm 的环形浅池,以叶轮转动的方式使培养液于池内混合、循环,防止藻体沉淀并提高藻体细胞的光能利用率。为增加混合效果、形成湍流,许多学者进行了多方面尝试,诸如用拖动挡板、连续流动槽、气升、液体喷射、螺旋浆搅拌、泵循环和靠重力差流动以及用风和太阳等自然能源乃至动物或人力等多种手段。但由于该系统存在着易受污染、培养条件不稳定等许多弱点,其光合效率仍然较低,所培养藻类的细胞密度较低,培养物的细胞生物量一般仅为 0.1~0.5 g/L。图 2-4 为应用开放式光生物反应器进行微藻规模化培养图片。

（a）螺旋藻（California）

（b）雨生红球藻和螺旋藻（Hawaii）

图 2-4　开放式光生物反应器

2.封闭式光生物反应器

封闭式光生物反应器是指用透明材料组建的一类可透光的生物反应器,包括管道式光生物反应器、板式光生物反应器、柱状光生物反应器等。与开放式光生物反应器相比,封闭式光生物反应器具有以下优点:①不易污染,能够实现单种、纯种培养;②培养条件易于控制;③培养密度高、易收获;④适合于所有微藻的光自养培养,尤其适合于微藻代谢产物的生产;⑤有较高的光照面积与培养体积之比,光能和二氧化碳利用率较高等。然而昂贵的基建成本和较高的运行维护费用限制了其规模化应用。

尽管目前一些商业化大规模微藻培养仍然普遍采用开放式光生物反应器,但是这种开放式光生物反应器与培养技术只能用于少数几个微藻品种,大多数微藻无法在此条件下获得成功的培养。开放式光生物反应器仍存在下列不足:①易受外界环境影响,难以保持较适宜的温度与光照;②会受到灰尘、昆虫及杂菌的污染,不易保持高质量的单藻培养;③光能及 CO_2 利用率不高,无法实现高密度培养。这些因素都将导致细胞培养密度偏低,使得采收成本较高,能适应大池培养的微藻藻种必须是在极端环境下能快速生长的藻种。对于要求温和培养条件和种群竞争能力较弱的微藻,则只能采用封闭式光生物反应器培养(见图2-5)。

(a)雨生红球藻(以色列)

图2-5　封闭式光生物反应器

（b）小球藻（德国）

续图 2-5

2.2.4.3　主要规模化藻种

目前,已用于工业生产和大规模培养的微藻主要是小球藻、红球藻、盐藻和螺旋藻 4 类[145]。微藻中含有大量的蛋白质、多糖和脂质,可以作为软体动物、甲壳动物、鱼、牛及家禽的饲料[146];同时,微藻富含丰富的类胡萝卜素、藻胆蛋白、叶绿素,作为天然色素广泛应用于食品、药品、化妆品等[147]。其中,最常用于添加到水产养殖和动物饲料的微藻品种主要是小球藻、螺旋藻、杜氏盐藻等[148]。

1. 小球藻

小球藻(*Chlorella* sp.)是单细胞藻类,在分类学上属于绿藻门绿藻纲绿球藻目小球藻科小球藻属。其生态分布广,生长快速,易于人工培养[149]。小球藻含有丰富的蛋白质、脂肪、碳水化合物以及维生素,有着很高的应用价值,已被应用于食品、饲料和医学等方面[150-151]。小球藻富含油脂,是一种理想的能源微藻[152-153],通过酯化后便可将其转变为生物柴油[154]。小球藻还具有吸收、消耗水体中的氮磷及重金属等功能[155],从而净化水体,是应用污水处理的理想藻种之一[156-157]。图 2-6 为小球藻显微图片。

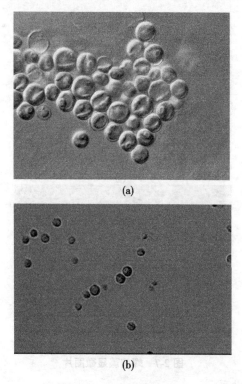

图 2-6 小球藻显微图片

2. 螺旋藻

螺旋藻 (*Spirulina* sp.),在分类学上属于蓝藻门段殖藻目颤藻科螺旋藻属,是地球上最古老的生物之一,属于蓝藻的一种,其结构是由单细胞或者多细胞组成的丝状体,体长 200~500 μm,宽 5~10 μm[158],栖息地广泛,包括水生、陆地和极端环境,例如 pH 在 9.5~11 的强碱性环境以及高浓度的钠环境等[159]。全球已发现的螺旋藻超过 35 种,多数生长在碱性湖泊,目前已经实现螺旋藻人工规模化培养。图 2-7 为螺旋藻显微图片。

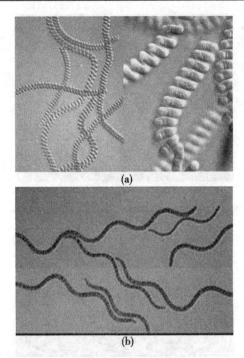

图 2-7　螺旋藻显微图片

3. 杜氏盐藻

盐藻(*Dunaliella salina*)是一种无细胞壁的双鞭毛单细胞真核绿藻,隶属绿藻门绿藻纲团藻目盐藻科盐藻属,是迄今为止发现最耐盐的真核生物之一。藻体无细胞壁,体型变化大,有梨形、椭圆形等,具有两条等长鞭毛,体内有一杯状色素体。盐藻富含丰富的β-胡萝卜素、油脂、多糖、蛋白质、氨基酸以及矿物质等,是目前发现的唯一能在高浓度盐水中生存的奇特生物,可在 0.05~5.5 mol/L NaCl 的环境中生存[160]。盐藻属光合自养生物,含有非常丰富而又全面均衡的营养物质,营养保健及药用价值极高,在食品、医药、保健、化工和养殖等领域都具有独特的经济价值和广阔的市场前景[161-164]。图 2-8 为盐藻显微图片。

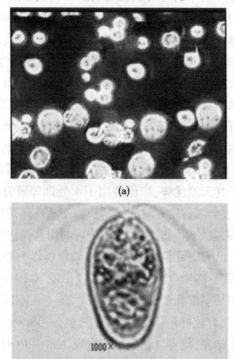

(a)

(b)

图 2-8　盐藻显微图片

2.2.5　微藻在水体生态净化中的应用现状

20 世纪 80 年代,藻类登上污水处理应用的舞台,首次被用于去除污水中的氧、磷营养物,此后,微藻水生态净化研究得到广泛重视。微藻是以光能作为能源,以水作为电子供体,在光合作用的过程中,利用污水中氮、磷等营养物质合成自身血细胞,使水质得到净化,并且不会导致二次污染。国内外学者比较了多种藻类,认为小球藻是去除效率最高的藻类之一[165-166],是去除污水中氮、磷等营养物质的一种应用前景较好的单细胞藻类。陈春云等[167]研究亦发现小球藻能够有效地去除富营养水体中的 N、P,最高去除率可达到80%,但过高的 N、P 浓度会影响小球藻的生长,从而表现出较低的去除率。吕福荣等[168]研究了小球藻在自养条件下对添加在自来水中氮、磷的吸收情况,发现小球藻吸收氮、磷 2 d 后,对其利用率可分别达到75%和62%。胡开辉等[151]研究发现小球藻对氮的去除率达到87.6%左右,对磷的去除率达到89.0%。于媛等[169]研究发现小球藻去除水产加工废水中氨氮可达76.9%。

　　微藻由于其天然优势,广泛应用于水处理等研究领域。微藻对氮、磷的吸收会随着培养时间的延长而逐渐升高,但微藻的生长及对氮、磷的去除效果同时也受污水中可利用营养物质如氮、磷等浓度的影响。已有研究结果显示,利用微藻可以去除水体不同形态的氮、磷等营养物质[170-171],吸收去除 Pb、Zn、Cd、Cr 等重金属以及去除毒素和某些难降解有机污染物[172]等。在不同污水培养条件下,微藻亦具有较好污染物去除效率,例如 Qin 等[171]采用牛奶厂污水培养小球藻,培养 4 d 后检测发现污水中 COD、总氮、总磷和氨氮含量均有不同程度的降低,其中总磷和氨氮的去除率分别可达90%和99%以上;马红芳等[173]采用养鱼污水培养栅藻,发现其可快速利用污水中各种形态的氮和磷,经过 16 d 培养,该藻对氨氮、亚硝态氮、硝态氮和总磷的去除率分别高达95.5%、96.3%、85.8%和98.8%,有利于污水的循环再利用。目前研究者用于污水中养殖或污水净化的藻种主要有小球藻、螺旋藻等微藻,它们适应环境能力强且生长速度快。其中,小球藻耐富营养水质的能力很强,在无光异养条件下将水中的铵态氮转化为细胞中的蛋白质、叶绿素等含氮物质,显著地降低水中的 COD、BOD[174]。

　　藻类作为一种自养型生物,可以进行光合作用。将水体中的无机物如氮、磷等合成其本身的生物质,再将藻类从水中分离即可实现对氮、磷等污染物的去除[175]。利用藻类处理水体可以避免传统生态修复方法的去除效率低和占地规模大等弊端。藻类可有效去除水体中氮、磷等营养物质,同时还具有成本低、能耗少、效率高等优点[176]。利用藻类处理水体,一方面,出水可以作为回用或灌溉水等,可以实现水体的循环利用;另一方面,藻类生物量还可以作为动物饲料或用来提炼生物能源等,对其进行收获、提炼和应用,可实现环境效益、经济效益与社会效益的协调统一[177]。目前,微藻水生态净化技术主要包括以下几类。

(1)生物稳定塘。

藻类在自然界中广泛存在,很早以前就已成为一种污水处理技术手段,而真正将藻类应用于去除水体中有机物,则是在生物稳定塘中得以实现的。

根据供氧方式,稳定塘可分为好氧塘、厌氧塘、兼性塘和曝气塘4类。稳定塘内生态系统主要由细菌、藻类以及其他诸多水生动植物组成,主要利用细菌和藻类的生长繁殖吸收去除水中的氮、磷、有机物等污染物。稳定塘系统在实际应用过程中也存在一定缺陷,如藻类生物量较少,对氮、磷的去除效果不佳;处理效果受外界环境影响大,水力停留时间长、占地面积大等,这些限制了稳定塘的进一步发展。

(2)高效藻类塘。

针对稳定塘中存在的诸多缺陷,Oswald 等[178]于 20 世纪 50 年代末提出并发展了高效藻类塘 HRAP(high rate algal ponds)。它是在传统稳定塘的基础上发展的一种改进形式,通过强化藻类的增殖来产生有利于微生物生长和繁殖的环境,形成更高效的藻-菌共生系统,同时通过改进系统条件,提升氮、磷等营养物质的去除效率。

高效藻类塘与稳定塘的区别在于采取了人工手段控制塘内藻类的浓度,使藻类的作用得到加强;相比于普通稳定塘,高效藻类塘在高负荷条件及有效去除氮、磷等方面具有很大的优势[179]。徐运清等[180]比较了不同藻类塘对小城镇养殖废水的净化效果,结果表明,高效藻类塘对 COD、N 和 P 的去除率分别为 88.3%、62.9%和 59.7%,高于普通塘对污染物的去除率(分别为 48.0%、43.4%和 22.8%)。黄翔峰等[181]采用高效藻类塘对农村生活污水进行处理,发现该体系对 COD 的平均去除率可达 70%,通过硝化作用对氨氮的去除率可达 90%,通过沉淀作用对磷的去除率为 50%。高效藻类塘也可以作为其他稳定塘的后续工艺,处理高浓度有机污水。由于高效稳定塘的处理效果较好,且大大减少了占地面积,该工艺也在世界范围内得到广泛应用。

(3)活性藻技术。

活性藻污水处理技术的研究始于 20 世纪 70 年代初期,把藻类和活性污泥结合起来形成"活性藻"体系,通过藻菌的共生代谢达到去除有机物、氮磷等营养物质的目的[182]。藻类能利用自然界的光和无机碳进行光合作用,产生氧及氧分解产物,而藻类生长繁殖过程中所需要的营养物质正是污水亟需除去的污染物。利用藻类的生理性能,使活性藻在适宜条件下,通过藻体对污染物进行吸收、吸附或发生其他反应,达到净化的目的。

国内外学者利用活性藻技术应用于废水中有机物、重金属等污染物的去除,已取得一定成果。Aziz 等[183]采用活性藻技术对工业废水中有机物、色度、重金属以及营养物质进行处理,取得了较好的效果。Su 等[184]采用不同藻与活性污泥接种比例的共生体系对生活污水进行处理,发现藻菌接种比例对体系的氮、磷去除效果有较大影响,当藻与活性污泥比例为 5:1 时,该体系对氮、磷的去除率分别可达 91.0%、93.5%。

(4)藻类固定化技术。

藻类固定化技术通过将藻类固定于填料上形成藻类生物膜反应器。相比于悬浮藻体系,固定化藻类的藻密度更高,从而增加体系的反应速度以及对污染物质的耐受性,并且还能减少藻体随水流的外排和流失,避免造成二次污染;同时藻体易于收集和分离,可对藻体进行资源化利用以及纯化和保存高效藻种。水力藻类床(ATS工艺,algae turf serubber)即为一种以固定化藻类作为主导的生物除磷技术。其工艺流程如下:

二级处理出水→ATS→滤网→砂滤→紫外线消毒→出水

ATS系统中,丝状藻固定于倾斜的水渠中,与悬浮的微藻和细菌组成共生系统。该系统易于控制水中藻类浓度,并且附着的丝状藻类更易于收获。但该工艺中藻类群落的结构较为简单,种属的多样性低,对氮、磷的去除能力有限,一般作为深度处理工艺,用于处理经二级处理后营养物质含量无法达标的污水[185]。

藻类生物膜技术是应用广泛的藻类固定化技术,通过利用藻体的光合作用及藻细胞结构的特点,富集大量藻类,使藻体系在生长过程中大量吸收水体中的氮、磷等营养物质,去除重金属等有害物质,具有较高的污染物去除效率[186]。固定化藻细胞相比于悬浮藻细胞,对氨毒性的抵制力更强,系统更稳定。藻类生物膜能够较快适应透明度低、污染较严重的水体环境[187];当氮、磷浓度较高时,藻类生物膜可快速繁殖提高生物量,提高体系对氮、磷的吸收和转化效率[188]。

(5)光生物反应器处理技术。

20世纪80年代,光生物反应器成为微藻生物技术的重要研究热点。光生物反应器是指用于培养光合微小生物及具有光合能力的植物组织、细胞的设施或装置,通常具有光照、温度、pH、营养盐、气体交换等培养条件的调节控制系统,能进行半连续或连续培养并具有较高的光能利用率,能够获得较高的生物密度。

　　微藻光生物反应器可以分为开放式和封闭式两大类。开放式光生物反应器以开放式跑道水池为主,构建简单,成本低廉,操作简便。但开放式培养过程受光照、温度等自然环境影响较大,易被真菌、原生动物和其他藻种污染,并且水分蒸发严重,二氧化碳供给不足,这些因素都将导致藻细胞培养密度偏低、采收成本较高。目前,藻类光生物反应器多用于单纯获得藻体生物量或其代谢产物,与废水处理相结合的微藻光生物反应器培养相关研究较少。

第3章 黄河流域优势沉水植物筛选及其应用潜力分析

3.1 流域常见沉水植物资源

沉水植物是指植物体全部位于水面以下营固着生存的大型水生植物[24]。淡水中常见沉水植物有黑藻属(Hydrilla)、轮藻属(Characoronata)、苦草属(Vallisneria)、狐尾藻属(Mytiophyllum)、金鱼藻属(Ceratophyllum)、眼子菜属(Potamogeton)等。通过现场调查和文献分析发现,黄河上游支流分布有大茨藻(*Najas marina*)、黑藻(*Hydrilla verticillata*)、穗花狐尾藻(*Myriophyllum spicatum*)以及多种眼子菜属沉水植物[189];乌梁素海分布有篦齿眼子菜(*Potamogeton pectinatus*)、金鱼藻(*Ceratophyllum demersum*)、穗花狐尾藻(*Myriophyllum spicatum*)、轮藻(*Chara spp.*)、菹草(*Potamogeton crispus*)等,其中优势种为篦齿眼子菜和金鱼藻[190-191];东平湖分布有菹草和穗花狐尾藻,其中优势种为菹草[192];河南境内金堤河、贾鲁河[193]、龙子湖分布有黑藻、金鱼藻、伊乐藻(*Elodea nuttallii*)、菹草等。黄河流域常见沉水植物分布情况见表3-1。

表3-1 黄河流域常见沉水植物分布情况

物种	拉丁名	属名	分布情况
大茨藻	*Najas marina*	茨藻属	合阳[189]
黑藻	*Hydrilla verticillata*	黑藻属	浐灞[189]、金堤河*
轮藻	*Chara* spp.	轮藻属	乌梁素海[191]

续表 3-1

物种	拉丁名	属名	分布情况
伊乐藻	*Elodea nuttallii*	伊乐藻属	贾鲁河[193]
穗花狐尾藻	*Myriophyllum spicatum*	狐尾藻属	汉江[189]、乌梁素海[190-191]、东平湖[192]、龙子湖*
金鱼藻	*Ceratophyllum demersum*	金鱼藻属	沪灞[189]、乌梁素海[191]、金堤河*
光叶眼子菜	*Potamogeton lucens*	眼子菜属	汉江[189]
扭叶眼子菜	*P. intortifolius*	眼子菜属	汉江[189]
丝叶眼子菜	*P. filiformis*	眼子菜属	汉江[189]
小眼子菜	*P. pusillus*	眼子菜属	汉江[189]
白茎眼子菜	*P. praelongus*	眼子菜属	沪灞[189]
穿叶眼子菜	*P. perfoliatus*	眼子菜属	沪灞[189]
菹草	*P. crispus*	眼子菜属	铜川[189]、东平湖[192]、乌梁素海[191]、哈素海[190]、贾鲁河[193]
篦齿眼子菜	*P. pectinatus*	眼子菜属	合阳[189]、乌梁素海[191]、红碱淖[190]、岱海[190]
马来眼子菜	*P. malainus*	眼子菜属	乌梁素海[191]

注:标"*"的为本书研究调查成果。

以上结果表明,黄河流域分布较为广泛的沉水植物主要有菹草、穗花狐尾藻、篦齿眼子菜和金鱼藻等。

(1)菹草。

菹草(见图3-1)具有近圆柱形的根茎,是眼子菜科的多年生沉水草本植物,近基部常匍匐地面,于节处生出疏或稍密的须根。叶条形,无柄,长3~8 cm,宽3~10 mm,先端钝圆,基部约1 mm与托叶合生,但不形成叶鞘,叶缘多少呈浅波状,具疏或稍密的细锯齿;叶脉3~5条,平行,顶端连接,中脉近基部两侧伴有通气组织形成的细纹,次级叶脉疏而明显可见;托叶薄膜质,长5~10 mm,

早落;休眠芽腋生,略似松果,长1~3 cm,革质叶左右二列密生,基部扩张,肥厚,坚硬,边缘具有细锯齿。穗状花序顶生,具花2~4轮,初时每轮2朵对生,穗轴伸长后常稍不对称;花序梗棒状,较茎细;花小,被片4,淡绿色,雌蕊4枚,基部合生。果实卵形,长约3.5 mm,果喙长可达2 mm,向后稍弯曲,背脊约1/2以下具齿牙。菹草秋季发芽,越冬生长,是特殊的冬春季生活型植物,夏季多数植株衰败死亡,生殖芽落入水底进入夏季休眠期[192]。菹草是喜低温的沉水植物,超过24 ℃停止生长,30 ℃以上开始死亡,最适温度范围10~20 ℃。菹草是世界广布种,中国南北各省(区)均有分布,广泛生长在湖沼、池塘、河沟和稻田。

图3-1 菹草

(2)穗花狐尾藻。

穗花狐尾藻(见图3-2)根状茎生于泥中,由节部生多数须根,茎软,细长,圆柱形,多分枝,叶无柄,为小二仙草科多年生沉水草本植物,春季萌发,夏末秋初开花,秋季于叶腋生出冬芽越冬[195]。穗花狐尾藻为世界广布种,产于全球的淡水水域。中国南北各地池塘、河沟、沼泽中常有生长,特别是在含钙的水域中更较常见。穗花狐尾藻喜阳光直射的环境,其喜温暖,耐低温,在16~28 ℃的温度范围内生长较好,越冬温度不宜低于4℃,整个植株可在冰层下的水中存活。

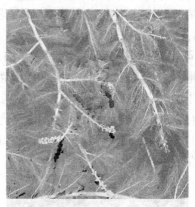

图3-2　穗花狐尾藻

(3)篦齿眼子菜。

篦齿眼子菜(见图3-3)有细线状根状茎,秋季生有白色卵圆形小块根。茎的下部较粗,直径约为3 mm,上部呈叉状密分枝。叶条形,长2~10 cm,宽0.5~1 mm,先端急尖,全缘;托叶与叶柄合生成鞘,基部抱茎,长1~3 mm。穗状花序腋生于茎顶,长1~4 cm,由2~6轮间断的花簇组成。花序梗细弱,长3~12 cm。小坚果斜阔卵形,长3~3.5 mm,背部有脊或近圆形。叶脉3条,平行,顶端连接,中脉显著,有与之近于垂直的次级叶脉,边缘脉细弱而不明显。穗状花序顶生,具花4~7轮,间断排列;花序梗细长,与茎近等粗;花被片4,圆形或宽卵形,径约1 mm;雌蕊4枚,通常仅1~2枚可发育为成熟果实。果实倒卵形,长3.5~5 mm,宽2.2~3 mm,顶端斜生长约0.3 mm的喙,背部钝圆。

篦齿眼子菜根系发达,根状茎上有节,节上可再生根状茎,植株长,叶及分枝集中在水表面,为眼子菜属多年生沉水草本植物[196]。篦齿眼子菜为属内少数几个世界广布种之一。生于河沟、水渠、池

图 3-3　篦齿眼子菜

塘等各类水体,水体多呈微酸性或中性,在西北地区亦见于少数微碱性水体及咸水中,有较强的耐阴能力。花果期为 5~10 月。

（4）金鱼藻。

金鱼藻（见图 3-4）为金鱼藻属多年生沉水草本植物,无根,茎细长而平滑,具疏生短枝,叶裂片丝状或丝状条形,长 1.5~2 cm,宽 0.1~0.5 mm,先端带白色软骨质,边缘仅一侧有数细齿。全株暗绿色,茎细柔,有分枝,叶轮生,每轮 6~8 叶,无柄;叶片 2 歧或细裂,裂片线状,具刺状小齿。花直径约 2 mm,苞片 9~12,呈条形,长 1.5~2 mm,浅绿色,透明,先端有 3 齿及带紫色毛。雄花具多数雄蕊,雌花具雌蕊 1 枚,子房长卵形,花柱呈钻形,花柱宿存,基部具刺。小坚果,卵圆形,光滑。坚果宽椭圆形,长 4~5 mm,宽约 2 mm,黑色,平滑,边缘无翅,有 3 刺,顶生刺（宿存花柱）长 8~10 mm,先端具钩,基部 2 刺向下斜伸,长 4~7 mm,先端渐细成刺状。生长旺季从 4 月中旬至 10 月底,花期为 6~7 月,果期为 8~10 月[195]。金鱼藻为世界广布种,群生于海拔 2 700 m 以下的淡水池塘、水沟、稳水小河、温泉流水及水库中,常生于 1~3 m 深的水域,形成密集的水下群落。特别是在水中富含有机质、水层较深、长期浸水的稻田中分布较多。

（5）大茨藻。

大茨藻（见图 3-5）属茨藻科茨藻属,为一年生沉水草本。植

图3-4　金鱼藻

株多汁,较粗壮,呈黄绿色至墨绿色,有时节部褐红色,质脆,极易从节部折断。株高 30~100 cm 或更长,茎粗 1~4.5 mm,节间长 1~10 cm 或更长,通常越近基部则越长,基部节上生有不定根;分枝多,呈二叉状,常具稀疏锐尖的粗刺,刺长 1~2 mm,先端具黄褐色刺细胞,表皮与皮层分界明显。

图3-5　大茨藻

　　叶近对生和 3 叶假轮生,于枝端较密集,无柄,叶片线状披针形,稍向上弯曲,长 1.5~3 cm,宽约 2 mm 或更宽,先端具 1 黄褐色刺细胞,边缘每侧具 4~10 枚粗锯齿,齿长 1~2 mm,背面沿中脉疏生长约 2 mm 的刺状齿。叶鞘宽圆形,长约 3 mm,抱茎,全缘或上部具稀疏的细锯齿,齿端具 1 黄褐色刺细胞。花黄绿色,单生于叶

腋;雄花长约 5 mm,直径约 2 mm,具 1 瓶状佛焰苞;花被片 1、2
裂;雄蕊 1 枚,花药 4 室;雌花无被,裸露,雌蕊 1 枚,椭圆形;花柱
圆柱形,长约 1 mm,柱头 2~3 裂;子房 1 室。瘦果黄褐色,椭圆形
或倒卵状椭圆形,长 4~6 mm,直径 3~4 mm,不偏斜,柱头宿存。
种皮质硬,易碎;外种皮细胞多边形,凹陷,排列不规则。花果期
9~11 月。生于湖泊静水中,滇湖各地均有。5 月开始生长,利用
期为 5~11 月,12 月枯死。

(6)黑藻。

黑藻(见图 3-6)是水鳖科黑藻属植物,多年生沉水草本。茎
伸长,有分支,呈圆柱形,表面具纵向细棱纹,质较脆。休眠芽为长
卵圆形,苞叶多数,螺旋状紧密排列,白色或淡黄绿色,狭披针形至
披针形。叶 4~8 枚轮生,线形或长条形,长 7~17 mm,宽 1~1.8
mm,常具紫红色或黑色小斑点,先端锐尖,边缘锯齿明显,无柄,具
腋生小鳞片。

图 3-6　黑藻

花单性,雌雄异株,雄佛焰苞近球形,绿色,表面具明显的纵棱
纹,顶端具刺凸;雄花单生于苞片内,开花时伸出水面,萼片 3,白
色,稍反卷,长约 2.3 mm,宽约 0.7 mm;花瓣 3,反折开展,白色或

粉红色,长约 2 mm,宽约 0.5 mm;雄蕊 3,花丝纤细,花药线形,2~4 室;花粉粒球形,直径可达 100 μm 以上,表面具凸起的纹饰。雄花成熟后自佛焰苞内放出,漂浮于水面开花,雌佛焰苞管状,绿色,苞内雌花 1 朵。果实圆柱形,表面常有 2~9 个刺状凸起。

黑藻生长于淡水中,喜光照充足的环境,喜温暖,耐寒冷,在 15~30 ℃ 的温度范围内生长良好,越冬温度不宜低于 4 ℃。广泛分布于欧亚大陆热带至温带地区,在中国分布于黑龙江、河北、陕西、山东等省。

(7)轮藻。

轮藻(见图 3-7)是藻类植物中轮藻的统称,属于一种大型的沉水植物,常见者为轮藻属和丽藻属。其外表和一般的植物类似,有着明显的根、茎分化,茎上还可分节,节长着细小的枝叶。藻体鲜绿色或黄绿色,外被钙质。株高 18~301 cm,茎具 3 列式皮层,节间小于小枝,无皮层;托叶双轮,不发达,小枝 7~8 枚一轮,由 8~11 个节片组成,除末端 1~2 个节片外,均具皮层。轮藻门植物的所谓根、茎、叶,实际上是由地下部分无色的假根和地上部分的中轴、侧枝和小枝几部分组成的。中轴(茎)明显地分节和节间两部分,每个节上生有一轮小枝(叶)及侧枝。不同属小枝构造各异,轮藻属不分枝,丽藻属具一至多次分叉,侧枝具有顶端继续生长的能力。

轮藻主要生长在淡水、半咸水中尤以稻田、沼泽、湖泊中常见,主要分布于世界范围内除南极洲外的各大洲,温带最多。

(8)伊乐藻。

伊乐藻(见图 3-8)是水鳖科、水蕴藻属,多年生沉水草本植物。茎圆柱形,直径约 1 mm,质较脆。休眠芽为长卵圆形,苞叶多数,螺旋状紧密排列,白色或淡黄绿色,狭披针形至披针形。叶茎生,无柄,常 3 叶轮生,下弯,线形,长 7~17 mm,宽不超过 2 mm,常具紫红色或黑色小斑点,先端锐尖,边缘锯齿明显,无柄,具腋生小鳞片。花序单生,无花梗,雄佛焰苞近球形,长约 4 mm,绿色,表面具明显

图 3-7　轮藻

的纵棱纹,顶端具刺凸。雄花萼片 3,白色,稍反卷,长约 2.3 mm,宽约 0.7 mm;花瓣 3,反折开展,白色或粉红色,长约 2 mm,宽约 0.5 mm。花粉粒球形,直径可达 100 μm 以上,表面具凸起的纹饰;雄花成熟后自佛焰苞内放出,漂浮于水面开花。花果期 7~10 月。

图 3-8　伊乐藻

伊乐藻生于河道中,只要水上无冰即能存活,气温在 5 ℃ 以上即可生长,在寒冷的冬季能以营养体越冬。

(9)光叶眼子菜。

光叶眼子菜(见图 3-9)是眼子菜科眼子菜属植物,多年生沉水草本,根状茎粗。茎圆柱形,直径约 2 mm,上部多分枝,节间较短,下部节间伸长,可达 20 余 cm。叶长椭圆形、卵状椭圆形至披针状椭圆形,无柄或具短柄,有时柄长可达 2 cm。叶片长 2~18

cm,宽 0.8~3.5 cm,质薄,先端尖锐,常具 0.5~2 cm 长的芒状尖头,基部楔形,边缘浅波状,疏生细微锯齿。叶脉 5~9 条,托叶大而显著,绿色,通常不为膜质,与叶片离生,长 1~5 cm,先端钝圆,常宿存。穗状花序顶生,具花多轮,密集,花序梗明显膨大呈棒状,较茎粗,长 3~20 cm。

光叶眼子菜花果期为 6~10 月,生根分枝可成新株。喜生水田、池沼和河渠中,在我国东北、华北、华东、西北各省区及云南均有分布。

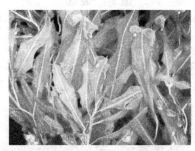

图 3-9　光叶眼子菜

(10)扭叶眼子菜。

扭叶眼子菜为多年生沉水草本。根茎发达,节上生多数须根。茎圆柱形,长约 50 cm,径约 1 mm,节间长 1.5~8 cm,不分枝或少分枝。叶全部沉水,长椭圆形或披针形,纵向卷缩或扭曲,无柄,长 6~9 cm,宽 1.2~1.5 cm,先端渐尖,基部钝圆或楔形,边缘浅波状;托叶抱茎,托叶鞘开裂,厚膜质,长 1.5~3 cm。穗状花序腋生,具花多轮,密集,每轮 3 花,花序梗与茎等粗,长 2~5 cm。花小,无柄,被片 4,黄绿色,雄蕊 4 枚,雌蕊 4 枚,离生。果实为不对称卵形,两侧稍扁,中脊钝,侧脊不明显,喙向背后弯曲。

扭叶眼子菜生长于海拔约 100 m 的河流中,主要分布于湖北。

(11)丝叶眼子菜。

丝叶眼子菜(见图 3-10)为沉水草本植物。根茎细长,白色,直径约 1 mm,具分枝,常于春末至秋季在主根茎及其分枝顶端形成卵球形休眠芽体。茎圆柱形,纤细,直径约 0.5 mm,自基部多分枝,或少分枝;节间常短缩,长 0.5~2 cm,或伸长。叶线形,长 3~7 cm,宽 0.3~0.5 mm,先端钝,基部与托叶贴生成鞘;鞘长 0.8~1.5 cm,绿色,合生成套管状抱茎,顶端具一长约 0.5~1.5 cm 的无色透明膜质舌片。穗状花序顶生,具花 2~4 轮,间断排列;花序梗细,长 10~20 cm,与茎近等粗;花被片 4,近圆形,直径 0.8~1 mm。果实倒卵形,长 2~3 mm,宽 1.5~2 mm,喙极短,呈疣状,背脊通常钝圆。

丝叶眼子菜产自陕西北部、宁夏东部、新疆等地区,生长在微碱性沟塘、湖沼等静水里。

图 3-10 丝叶眼子菜

(12)小眼子菜。

小眼子菜(见图 3-11)为眼子菜科眼子菜属植物,沉水草本,无根茎。茎椭圆柱形或近圆柱形,纤细,径约 0.5 mm,具分枝,近基部常匍匐地面,并于节处生出稀疏而纤长的白色须根,茎节无腺体,或偶见小而不明显的腺体,节间长 1.5~6 cm。叶线形,无柄,长 2~6 cm,宽约 1 mm,先端渐尖,全缘。托叶为无色透明的膜质,与叶离生,长 0.5~1.2 cm,常早落;休眠芽腋生,呈纤细的纺锤状,长 1~2.5 cm,下面具 2 或 3 枚伸展的小苞叶。穗状花序顶生,具花 2~3 轮,间断排列;花序梗与茎相似或稍粗于茎;花小,被片 4,绿色。果实斜倒卵形,长 1.5~2 mm,顶端具 1 稍向后弯的短喙,龙骨脊钝圆,花果期 5~10 月。

小眼子菜在我国南北各省区均产,但以北方更为多见,多生长于池塘、湖泊、沼地、水田及沟渠等静水或缓流之中。

图 3-11　小眼子菜

(13)白茎眼子菜。

白茎眼子菜为眼子菜科眼子菜属,为多年生沉水草本,具根茎。茎圆柱形,直径约 1 mm,不分枝或分枝稀疏,通常节间伸长,可达 10余 cm。叶条状披针形或披针形,无柄,先端常收缩呈匙状,基部钝圆而略呈耳状抱茎。托叶膜质,无色或淡绿色,抱茎,与叶片离生,长 1~2.5 cm,常早落。穗状花序顶生,具花 4~6 轮,稍密集;花序梗稍粗于茎,长 2~5 cm;花小,被片 4,绿色;雌蕊 4 枚,离生。

白茎眼子菜多分布于东北各地和新疆,生长于池塘、缓流河沟中,水体多呈微酸性。

(14)穿叶眼子菜。

穿叶眼子菜(见图 3-12)为眼子菜科、眼子菜属的一种多年生沉水草本植物,具发达的根茎。根茎白色,节处生有须根。茎圆柱形,直径 0.5~2.5 mm,上部多分枝。叶卵形、卵状披针形或卵状圆形,无柄,先端钝圆,基部心形,呈耳状抱茎,边缘波状,常具极细微的齿;基出 3 脉或 5 脉,弧形,顶端连接,次级脉细弱;托叶膜质,无色,长 3~7 mm,早落。穗状花序顶生,具花 4~7 轮,密集或稍密集;花序梗与茎近等粗,长 2~4 cm;花小,被片 4,淡绿色或绿色;雌蕊 4 枚,离生。果实倒卵形,长 3~5 mm,顶端具短喙,背部 3 脊,中脊稍锐,侧脊不明显。茎具皮下层,皮层中无散生机械束;维管柱为"多束型",具多条木质管道;内皮层由胞壁增厚的 O 型细胞组成。

穿叶眼子菜广布欧洲、亚洲、北美、南美、非洲和大洋洲。国内多分布于东北、华北、西北各省区及山东、河南、湖南、湖北、贵州、云南等省,生于湖泊、池塘、灌渠、河流等水体,水质多为微酸至中性,花果期 4~5 月。

图 3-12　穿叶眼子菜

(15)马来眼子菜。

马来眼子菜(见图 3-13)为多年生沉水草本。根茎发达,白色,节处生有须根。叶条形或条状披针形,具长柄,稀短于 2 cm;叶片长 5~19 cm,宽 1~2.5 cm,先端钝圆而具小凸尖,基部钝圆或楔形,边缘浅波状,有细微的锯齿。托叶大而明显,近膜质,无色或淡绿色,与叶片离生,鞘状抱茎,长 2.5~5 cm。穗状花序顶生,具花多轮,密集或稍密集;花序梗膨大,稍粗于茎,长 4~7 cm;花小,被片 4,绿色;雌蕊 4 枚,离生。

马来眼子菜主要分布于我国南北各省区,生于灌渠、池塘、河流等静、流水体,水体多呈微酸性。

图 3-13　马来眼子菜

3.2　典型灌区尾闾湖泊沉水植物生境调查分析

3.2.1　乌梁素海概况

乌梁素海位于内蒙古自治区巴彦淖尔市乌拉特前旗境内,呼和浩特、包头、鄂尔多斯三角地带的边缘,距乌前旗政府所在地西山嘴镇 13 km,距 110 国道 22 km,距西王公路 4 km,距哈磴高速公路西山嘴出口 15 km,是全国八大淡水湖之一,总面积约 300 km²,素有"塞外明珠"之美誉。它是全球范围内干旱草原及荒漠地区极为少见的大型多功能湖泊,也是地球同一纬度最大的湿地。已被国家林业部门列为湿地水禽自然保护示范工程项目和自治区湿地水禽自然保护区,同时列入《国际重要湿地名录》。

"乌梁素"在蒙古语中的意思为"红柳海",因为历史上这里曾生长茂密的红柳林。历史上乌梁素海水域面积很大,是黄河故道遗留下来的河迹湖,后因山洪和河套灌区排水汇集于此,而形成了今日的乌梁素海。20世纪50年代乌梁素海最大水面面积为120万亩,最大蓄水量达到6亿 m³,后来随着水位下降,湖面水体逐渐减小。在广袤的半干旱草原地区,乌梁素海是具有较高生态效益的多功能湖泊,具有气候调节、维持生物多样性、鸟类栖息、水产养殖和旅游等功能,同时也是河套灌区灌排系统的重要组成部分,在黄河防凌和水资源管理调度中发挥了积极的作用。它不仅接纳河套地区90%以上的农田排水,形成了河套地区有灌有排的灌排网络,同时它还承担滞洪区、保护周边群众生命财产安全的作用。

　　乌梁素海处于黄河河套平原的末端,西临河套灌区,东靠乌拉山西麓,是内蒙古自治区第二大湖泊,也是黄河流域最大的湖泊。乌梁素海湖泊形状为北宽南窄,乌梁素海东北起于大余太乡坝湾,西南至新安镇明干阿木,西北至东南较窄。主要补给源为灌区的总排干渠,周围的塔布渠、长济渠等渠道的注入,还有狼山南部及乌拉山北部各山沟之水,直接或通过各个渠道注入乌梁素海。入湖主要水源有河套灌区引黄灌溉排水、当地降水和山洪水。乌梁素海在河套灌区的位置见图3-14。

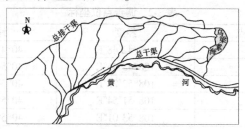

图3-14　乌梁素海在河套灌区的位置

3.2.2　调查点位设置

　　参考自然资源部发布的2020版30 m全球地表覆盖数据,本次调查主要沿总排干沟口至乌梁素海南部退水渠之间明水面区布设调查点位,采集水样、底泥样品、沉水植物样品,并沿途调查沉水植物分布情况。调查点位信息见图 3-15 和表 3-2。

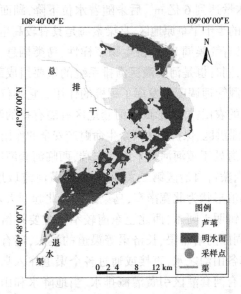

图 3-15　调查点位分布示意图

表 3-2　调查点位坐标

采样点	经度	纬度
1#	108°42′48″E	40°47′18″N
2#	108°48′46″E	40°54′45″N
3#	108°52′22″E	40°57′18″N
4#	108°51′54″E	40°59′28″N
5#	108°53′01″E	40°59′57″N
6#	108°52′07″E	40°55′50″N
7#	108°51′39″E	40°54′37″N
8#	108°49′29″E	40°53′53″N
9#	108°50′03″E	40°52′48″N

3.2.3 样品采集与处理

3.2.3.1 水样的采集与处理

利用采水器采集调查点位水面以下 50 cm 处水样,盛入 500 mL 的聚乙烯瓶中,加入硫酸调节 pH 至 1~2,用于总氮、总磷和氨氮的测定。

3.2.3.2 底泥样品的采集与处理

利用彼得逊采泥器采集调查点位表层底泥,将 50 g 底泥样品置于自封袋中保存,用于全氮、全磷和有机质的测定。

3.2.4 指标测定

3.2.4.1 水体理化指标的测定

利用便携式水质分析仪(YSI,美国)现场测定调查点位水温、pH、溶解氧、氧化还原电位和电导率等水体理化指标。

3.2.4.2 水深和透明度的测定

利用测深杆现场测量水深,利用塞氏盘测定水体透明度。

3.2.4.3 水体总氮、总磷、氨氮和叶绿素 a 的测定

水体总氮的测定参照《水质 总氮的测定 碱性过硫酸钾消解紫外分光光度法》(HJ 636—2012),总磷的测定参照《水质 总磷的测定 钼酸铵分光光度法》(GB 11893—1989),氨氮的测定参照《水质 氨氮的测定 纳氏试剂分光光度法》(HJ 535—2009),叶绿素 a 的测定参照《水质 叶绿素 a 的测定 分光光度法》(HJ 897—2017)。

3.2.4.4 底泥全氮、全磷和有机质的测定

底泥全氮、全磷和有机质的测定采用《土壤质量 全氮的测定 凯氏法》(HJ 717—2014)、《土壤 总磷的测定 碱熔-钼锑抗分光光度法》(HJ 632—2011)和《土壤环境监测分析方法》生态环境部(2019 年)3.1.9 重铬酸钾容量法。

3.2.5　沉水植物分布特征分析

沉水植物是乌梁素海湿地的主要初级生产者之一,占据了80%以上的明水面区域[197],在乌梁素海水体净化方面发挥了重要的作用[191]。本次调查对9个点位周边的沉水植物物种进行了识别,并根据沉水植物在水面的覆盖情况对其多度进行了分级,见图3-16和表3-3。

图 3-16　乌梁素海沉水植物分布情况

表 3-3　乌梁素海沉水植物分布特征

点位	植物种类	植物多度	是否优势种
1#	篦齿眼子菜	+	是
2#	篦齿眼子菜	++++	是
3#	篦齿眼子菜	+++	是
	轮藻	+	否

续表 3-3

点位	植物种类	植物多度	是否优势种
4#	篦齿眼子菜	++	是
	金鱼藻	+	否
	穗花狐尾藻	++	否
5#	篦齿眼子菜	++	是
6#	篦齿眼子菜	++	是
	金鱼藻	+	否
	轮藻	+	否
7#	篦齿眼子菜	++++	是
	金鱼藻	+	否
8#	篦齿眼子菜	++	是
9#	篦齿眼子菜	++++	是

　　调查发现篦齿眼子菜、穗花狐尾藻、轮藻、金鱼藻等 4 种沉水植物。其中,篦齿眼子菜是乌梁素海湿地沉水植物的绝对优势种,遍布各个采样点;在靠近总排干入口的 1 处明水区(4#点位)有大量穗花狐尾藻与篦齿眼子菜相间分布,为局部优势种;在该明水区及其南侧的几处明水区发现轮藻和金鱼藻少量分布(3#、6#和 7#点位);其余点位均仅发现有篦齿眼子菜分布。尚士友等[198]的研究显示,乌梁素海主要沉水植物有篦齿眼子菜、穗花狐尾藻、轮藻和大茨藻等,其中优势种为篦齿眼子菜和穗花狐尾藻。兰策介等[190]于 2008 年对蒙新高原湖泊高等水生植物进行了调查,发现乌梁素海沉水植物优势种为篦齿眼子菜和金鱼藻。白妙馨等[191] 2010 年对乌梁素海沉水植物进行了调查和采集,发现乌梁素海沉水植物优势种为篦齿眼子菜、穗花狐尾藻和轮藻。本次调查结果与相关研究结论较为一致,篦齿眼子菜、穗花狐尾藻、轮藻、金鱼藻等为乌梁素海主要沉水植物,其中篦齿眼子菜为绝对优势种。

　　从各点位沉水植物的多度上看,篦齿眼子菜在 2#、7#和 9#点

位的多度最高,其次是 3#、4#、5# 和 6# 点位,最低是退水渠附近(1#
点位);穗花狐尾藻在 4# 点位的多度与篦齿眼子菜相当;金鱼藻和
轮藻在所分布点位的多度较低。结果表明,乌梁素海沉水植物分
布呈现一定的差异,这往往与水深、透明度、水质等环境因素有关。

3.2.6　沉水植物生境特征及关键影响因子

本书从水深、透明度、水质状况和底泥污染状况等方面对乌梁
素海沉水植物生境特征进行了调查,并通过典型相关分析(CCA)
对影响沉水植物分布的关键环境因子进行了识别。

3.2.6.1　水深/透明度

本次调查过程中发现乌梁素海水体透明度较高,所有点位水
体均可见底,因此不再讨论各点位间水体透明度的差异。相关研
究显示,乌梁素海大多水深不足 1 m,最大水深 2.5 m,是典型的草
型浅水湖泊[197]。本次调查发现,各点位水深范围为 0.5~1.8 m,
平均水深为 1.02 m(见图 3-17)。其中,1#、2#、5# 和 7# 四个点位水
深超过 1 m,最大水深为 1.8 m(2# 点位),其余五个点位水深在
0.45~0.8 m,与历史调查结果一致。

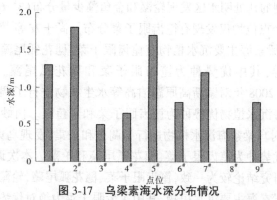

图 3-17　乌梁素海水深分布情况

3.2.6.2　水质状况

水体营养盐含量是影响沉水植物生长的重要环境因素。本次调查对水体总氮、总磷、氨氮和叶绿素 a 进行了测定,见图 3-18。

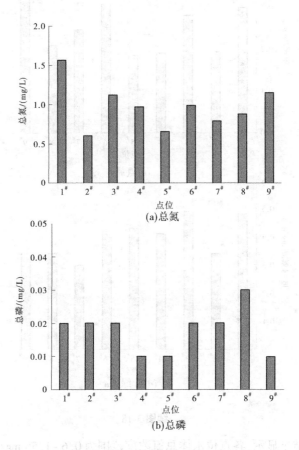

(a)总氮

(b)总磷

图 3-18　乌梁素海水体总氮、总磷、氨氮和叶绿素 a 浓度

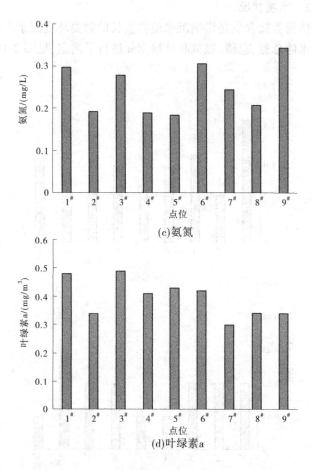

(c)氨氮

(d)叶绿素a

续图3-18

结果显示,各点位水体总氮浓度范围为0.6~1.56 mg/L,呈现出由总排干入湖口向外扩散降低的趋势,表明调查期间总排干入水总氮污染负荷高于湖泊水体。南部点位(1#、8#和9#)的总氮水平升高则可能是调查期间南部湖区局部清淤施工引起的底泥污染物扩散到水体所致。水体氨氮的浓度范围为 0.18~0.34 mg/L,分布规律与总氮基本一致。水体总磷浓度除 8# 点位外均为 0.01~0.02 mg/L,与总氮和氨氮的分布规律不相关。水体叶绿素 a 浓度范围为 0.3~0.49 mg/m³,分布规律与总氮和氨氮较为一致。针对乌梁素海水环境因子时空分布的研究较多,例如,李兴等[199] 对 2006 年乌梁素海富营养化指标的空间分布进行了研究,发现总氮、总磷浓度由总排干入湖口向南递减,10 月全湖总氮、总磷浓度范围分别为 1.5~7.9 mg/L、0.19~0.21 mg/L;巴达日夫[200] 对 2014~2016 年乌梁素海水体总氮、总磷和叶绿素 a 的时空分布进行分析时发现了类似的规律,9 月总氮、总磷、叶绿素 a 浓度范围分别为 2.17~6.35 mg/L、0.03~0.16 mg/L、0.017~0.082 mg/L。本次调查中水体总氮、氨氮和叶绿素 a 的分布规律与历史调查结果相符,而与同月份(9~10 月)历史数据相比,本次调查获取的水体总氮、总磷和叶绿素 a 浓度明显较低,表明调查期间乌梁素海水质较好。虽然有研究表明近些年乌梁素海水质总体上呈改善趋势[201],但季节性水质恶化仍是乌梁素海生态环境恢复面临的主要挑战[202]。

3.2.6.3　底泥污染状况

底泥是河流湖泊中沉水植物的附着基质,为植物的生长提供氮、磷等营养物质,也是植物残体腐败后营养物质的归趋。本次调查对底泥中全氮、全磷和有机质含量进行了测定,结果显示,全氮、全磷和有机质含量范围分别为 0.4~12.80 g/kg、0.4~1.04 g/kg 和 6.4~216 g/kg(见图 3-19)。以往研究表明,底泥中氮磷浓度分布总体呈由北向南、由西向东递减趋势[203],且乌梁素海底泥有机质与水生植物和藻类生长有很强的相关性[204]。本次调查发现,沉水植物分布较多的区域(5#、6#、7# 和 9# 点位)底泥全氮、全磷和

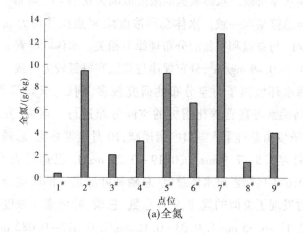

(a)全氮

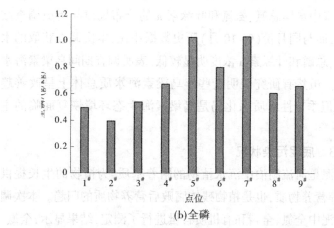

(b)全磷

图 3-19 乌梁素海底泥全氮、全磷和有机质含量

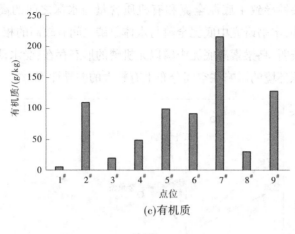

(c)有机质

续图 3-19

有机质含量均较高,但与总排干入湖污染物的扩散方向无显著的相关性,表明近几年乌梁素海底泥污染物的主要来源可能由入湖污染向湖泊内源污染转变。而退水渠(1#点位)和航道附近(3#和8#点位)的底泥全氮和有机质含量较低,可能与这些区域实施的人工清淤工程将表层底泥清除有关[205]。

3.2.6.4 沉水植物分布关键影响因子

水深往往是影响浅水湖泊中沉水植物空间分布的主要因素之一。本次调查中发现水深较大的点位沉水植物分布也较多,表明由于乌梁素海水体清澈见底,透明度不是影响沉水植物分布水深的限制因素。典型相关分析(见图 3-20)显示,底泥全氮和有机质含量与点位水深之间相关性较高,而与水体中总氮和氨氮浓度之间的相关性均不显著。有研究表明,乌梁素海冬季植物大量沉降分解,冰封期底泥中氮的主要形式为残渣态氮[206],说明沉水植物残体是底泥中氮和有机质的主要来源,沉水植物多度与水深之间的高相关性导致了底泥全氮和有机质含量与水深之间的高相关性。另外,本书研究中底泥全磷与水体总磷之间有较高的相关性。有研究表明,乌梁素海底泥中磷以无机磷的形态存在,受水动力条件和沉积环境的影响在空间分布上有较大的差异性[207]。

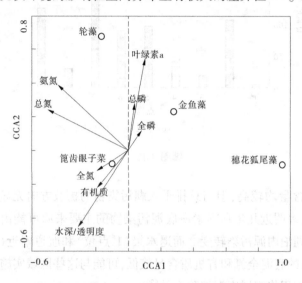

图 3-20　基于典型相关分析(CCA)的沉水植物分布关键影响因子分析

本书研究中,篦齿眼子菜的多度与水深、底泥全氮和有机质含量成正比,表明与其他几种沉水植物相比,篦齿眼子菜对深水区的适应性较强,且其根系发达,底泥中较高的氮含量可以更好地促进其生长。金鱼藻的多度与水体总磷浓度成正比,这是由于金鱼藻无根,一般仅从水体吸收氮、磷等营养物质。有研究表明,乌梁素海的水质中氮、磷浓度比较高,磷是沉水植物和藻类生长的限制因子[208]。穗花狐尾藻多度与底泥全磷含量相关性较高,其原因与金鱼藻类似,不同的是穗花狐尾藻可通过根系从底泥吸收磷。轮藻的多度则与水体总氮、氨氮、总磷和底泥全磷有较高相关性,表明轮藻的生长可能对磷浓度水平要求较低。以上结果表明,影响乌梁素海几种沉水植物空间分布的关键因子有所差异。其中,篦齿眼子菜受水深和底泥全氮影响较大,金鱼藻和穗花狐尾藻分别受水体总磷和底泥全磷影响较大,而轮藻的关键影响因子是水体氮磷浓度。

3.3　优势沉水植物氮磷净化能力分析比较

3.3.1　试验设计

3.3.1.1　试验装置与条件

本次试验采用容积约 100 L 的 PP 材质水箱(600 mm×450 mm×350 mm),底部铺设厚 7 cm 的种植土,上覆水 25 cm,曝晒 3 d 后用于测定水体总氮、总磷和氨氮的本底值。参照乌梁素海 9～10 月水质数据范围,设置低污染(2)和高污染(8)两组处理组,每组设空白(CK)、篦齿眼子菜(PP)、金鱼藻(CD)和穗花狐尾藻(MS)各 3 个平行处理。其中,低污染组总氮 2 mg/L、氨氮 1.6 mg/L、总磷 0.1 mg/L;高污染组总氮 8 mg/L、氨氮 6.4 mg/L、总磷 0.4 mg/L。根据测定的本底值分别添加硝酸钾(KNO_3)、氯化铵(NH_4Cl)和磷酸二氢钾(KH_2PO_4)至设置浓度水平。放置 3 d 后,重复 3 个指标的测定与营养盐添加过程。将购置的篦齿眼子菜、穗花狐尾藻、金鱼藻(产地:江苏沭阳)清洗、整理后,选择株高、生物量一致的健壮植株(篦齿眼子菜长约 1.20 m,穗花狐尾藻长约 45 cm,金鱼藻长约 30 cm)按照 60 株/箱的密度种植在水箱中。试验时间为 9～10 月,周期为 4 周。试验材料与装置见图 3-21。

(a)篦齿眼子菜

(b)金鱼藻

图 3-21　试验材料与装置

(c)穗花狐尾藻

(d)

(e)

续图 3-21

3.3.1.2　样品采集与处理

1. 水样的采集

每周采集水样 200 mL 用于总氮、总磷和氨氮的测定。

2. 植物样品的采集

采集试验初始、2 周、4 周后的沉水植物各 10 株用于植物生物量、全氮、全磷和相对电导率的测定,植物叶片附着生物膜荧光染色显微观察,以及植物附着微生物群落结构分析。

3.3.1.3　指标的测定

1. 水体理化指标的测定

利用便携式水质分析仪(YSI)每天测定水箱中心点、水下 10 cm 的水温、pH、溶解氧和电导率。

2. 水质的测定

水质的测定参照 3.2.4.3 节。

3. 植物生物量和全氮、全磷、相对电导率的测定

将整株植物冲洗干净后拭干表面水分,分别采用 1/1 000 天平称重后计算各组单株植物平均重量,作为植物单株生物量;植物全氮、全磷的测定参照 3.2.4.4 节;相对电导率的测定采用浸泡法[209]:随机抽取叶片并快速称取 3 份待测,每份鲜重 0.1 g,分别置于装有 10 mL 去离子水的试管中,加盖后置于室温下浸泡 12 h,用便携式水质分析仪(YSI,美国)测定浸提液电导率(R_1),然后将试管沸水浴加热 30 min,冷却至室温后摇匀,再次测定浸提液电导率(R_2),计算相对电导率($R=R_1/R_2×100\%$)。

4. 植物叶片附着生物膜荧光显微观察

将植物叶片裁成 1 cm 长,置于浓度为 10 mg/L 的 DAPI 染色液中,黑暗中保持 30 min,用 PBS(磷酸缓冲液)清洗 3 次后装片,利用 Olympus bx53 荧光显微镜进行观察。

5. 微生物洗脱、DNA 的提取和高通量测序分析

将采集的植物(除根)后置于装有 250 mL 75% 酒精的 500 mL

塑料广口瓶中进行洗脱。洗脱过程为:超声 3 min,振荡 30 min (225 r/min),超声 3 min。洗脱后的植物叶片拭干表面液体后称重。洗脱液体过 60 目筛后经 8 000 r/min 离心 10 min 后收集洗脱物并转移至 5 mL 塑料离心管进行称重。称重后的洗脱物用于 DNA 提取。其中,附着生物膜量 = 洗脱物鲜重/洗脱后的植物鲜重。

准确称取植物表面洗脱物 0.25 g,采用 FastDNA SPIN Kit for Biofilm 试剂盒(MPBIO,美国)进行 DNA 提取,提取过程参照试剂盒说明书进行。将同一组样品的 3 个平行样品提取出的 DNA 混合均匀后进行 PCR 扩增。扩增采用 16S rRNA 基因通用引物 341F 和 806R。扩增体系组成及循环程序见表 3-4。

表 3-4 PCR 扩增体系组成及循环程序

序号	组分	体积
1	Thermal Polymerase buffer	2.5 μL
2	dNTPs (100 μm)	0.05 μL
3	primers (100 μm)	(0.05+0.05) μL
4	EXTaq polymerase	0.125 μL
5	bovine serum albumin	1.5 μL
6	template	1 μL
7	PCR water	19.3 μL
循环程序	95 ℃,30 s 95 ℃,15 s 50 ℃,30 s 68 ℃,30 s 68 ℃,5 min	30 个循环

利用1%琼脂糖凝胶电泳和 QIAquick gel extraction kit 试剂盒(Qiagen,加拿大)纯化并分离 PCR 产物。所有样品的 PCR 产物等量混合后利用 Nanodrop 1000 分光光度计进行定量。测序采用 Illumina MiSeq 平台,拼接采用 PEAR 软件并移除低质量的序列。有效序列经在97%临界值下比对后,采用 QIIME 1.8.0 对 OTU 提取、分析和注释,计算 Shannon 指数,进行基于样品间 Bray_Curtis 距离的聚类分析。后续分析中剔除相对丰度小于0.001%的 OTU。

3.3.2　水体理化指标变化情况

试验期间,水温由24 ℃波动下降至12 ℃左右,其中4周的平均水温分别为17.9 ℃、15.8 ℃、12.3 ℃和13.1 ℃,前3周呈显著下降趋势($p<0.05$);空白组水体溶解氧均值6.45 mg/L,植物组水体溶解氧均值6.66 mg/L,波动不大,且组间差异不显著($p>0.05$);水体电导率范围为429~453 μS/cm,组间无显著差异且随时间变化不显著($p>0.05$);水体 pH 首周有上升趋势,然后稳定在8.5上下,且组间无显著差异($p>0.05$),见图3-22。

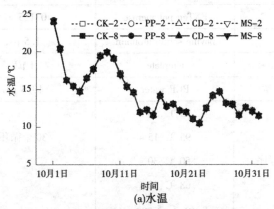

(a)水温

图3-22　沉水植物对水体温度、溶解氧、电导率和 pH 变化

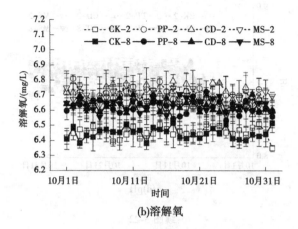

(b)溶解氧

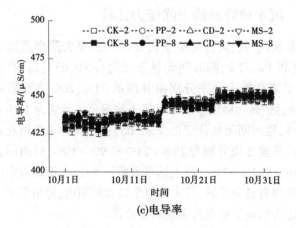

(c)电导率

续图 3-22

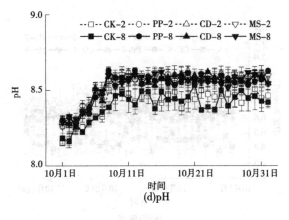

续图 3-22

3.3.3 沉水植物氮磷去除能力比较

试验期间,低、高污染组空白处理的总氮去除率范围分别为 2%~3% 和 4%~7%,随时间无显著变化($p > 0.05$);低、高污染组 篦齿眼子菜总氮去除率分别由首周的 31%、26% 降至第 4 周的 12%、5%;低、高污染组金鱼藻总氮去除率范围分别为 19%~22%、7%~10%,随时间无显著变化($p > 0.05$);低、高污染组穗花狐尾藻 总氮去除率前 2 周分别为 18%~21% 和 9%~10%,后两周分别降 至 2%~6% 和 1%~3%。以上结果表明,3 种沉水植物对水体总氮 的去除规律有显著差异,其中在整个试验周期内,篦齿眼子菜的总 氮去除能力均高于穗花狐尾藻和金鱼藻。

水体中总磷去除率显著低于总氮去除率(见图 3-23)。其中, 空白处理的总磷去除率范围为 2%~5%,金鱼藻的总磷去除率范 围为 3%~5%,随时间均无显著变化($p > 0.05$)。低、高污染组篦齿 眼子菜总磷去除率最大值均出现在第 2 周,分别为 11% 和 5%,其 余 3 周分别在 5%~8% 和 2%~3%;穗花狐尾藻总磷去除率变化趋

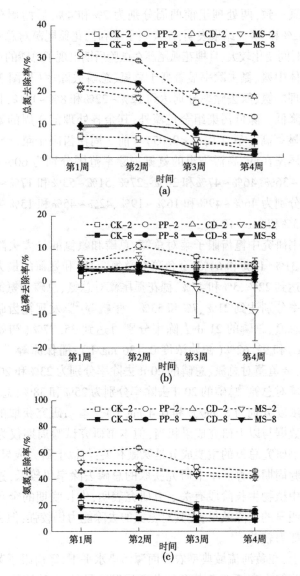

图3-23　沉水植物对水体总氮、总磷和氨氮去除率变化

势与总氮一致,两处理组前两周分别为 7% 和 4%,后两周分别为 -9%~-2% 和 1%。结果表明,篦齿眼子菜和穗花狐尾藻对总磷的去除率随时间变化较大,且穗花狐尾藻在试验后期出现了总磷的释放。

水体中氨、氮去除率显著高于总氮、总磷去除率(见图 3-23)。空白处理的氨、氮去除率分别达到 12%~22% 和 8%~11%,且随时间逐渐降低。除低污染组金鱼藻外,其余各处理前 2 周的氨氮去除率均显著高于后 2 周($p<0.05$)。前 2 周篦齿眼子菜、金鱼藻、穗花狐尾藻在低、高污染组的氨氮去除率范围分别为 60%~64% 和 34%~36%、46%~47% 和 26%~27%、51%~53% 和 17%~18%,后两周分别为 46%~49% 和 16%~19%、42%~45% 和 15%~18%、41%~43% 和 9%~10%。

本书研究中篦齿眼子菜对总氮、总磷和氨氮的最大去除率分别达到 31%、11% 和 64%,金鱼藻对总氮、总磷和氨氮的最大去除率分别达到 22%、5% 和 47%,穗花狐尾藻对总氮、总磷和氨氮的最大去除率分别达到 21%、7% 和 53%。张帆等[210]发现篦齿眼子菜对水体总氮、总磷的 21 d 去除率分别可达到 35.77%(初始浓度 10 mg/L)和 92.62%(初始浓度 0.136 mg/L);潘保原等[211]的研究发现,金鱼藻对总氮、总磷的 20 d 去除率分别为 23% 和 20%,穗花狐尾藻对总氮、总磷的 20 d 去除率分别为 25% 和 38%(总氮、总磷初始浓度分别为 8 mg/L 和 0.4 mg/L)。本书研究获取的总氮去除率数据与以上研究成果相当,但本书研究试验周期仅为 7 d,这与本书研究总氮的主要成分是氨氮有关;与以上研究成果相比,按照试验周期折算后本书研究获取的总磷去除率仍较低,这与本书研究中植物生长阶段有关。有研究表明,生长晚期的金鱼藻对氮素有明显的去除效果,尤其对氨氮的去除能力仍较强,但去总磷的去除能力较差[212]。

综上,在黄河流域典型农业面源污染水平下,篦齿眼子菜对氮磷的去除能力高于金鱼藻和穗花狐尾藻。另外,3 种植物对氮磷的去除率随水体污染水平和时间变化规律有所差异,往往与营养盐水平和温度变化有关。

3.3.4 沉水植物氮磷去除能力影响因素分析

本书研究中,各处理间溶解氧、电导率、pH等水体理化指标无显著差异且随时间无显著变化。基于氮磷去除率与水温、营养盐浓度等环境因子的典型相关分析(见图3-24)显示,水温和营养盐浓度对系统中氮磷去除均有显著影响。

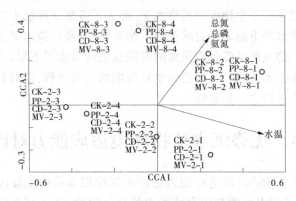

图3-24 基于氮磷去除率与环境因子的典型相关分析

水温是影响湿地系统净污能力的重要指标,低温往往抑制水生植物和微生物的活性,降低其对污染物的吸收和转化能力[213]。相关研究表明,沉水植物的生长对氮磷的直接吸收是水体氮磷去除的主要途径之一[35]。本书研究利用处于生长晚期的沉水植物进行试验,当水温由24 ℃降至13 ℃时,沉水植物生长状况开始变差,有的处理开始出现氮磷的释放现象,表明温度降低引起的沉水植物衰败是本书研究中氮磷去除能力降低的主要原因之一。另有研究表明,狐尾藻等沉水植物对氮磷的直接吸收作用远低于其增效作用的贡献率,沉水植物附着微生物对氮磷有较强的吸收、吸附作用[214-215]。随着温度的降低,微生物活性受到抑制,与总氮去除相关的氨氧化、硝化和反硝化作用均有所减弱,这是本书研究中总氮和氨氮去除率大幅降低的重要原因。另外,沉水植物的生长状况往往影响其附着微生物的生物量与群落结构,从而影响微生物对污染物的吸附和降解过程[216]。

营养盐水平往往是影响沉水植物对水体中氮磷去除能力的重要原因,这在诸多试验中被证实[211]。营养盐浓度较高的水体氮磷去除率往往较低,但从氮磷去除量上又比低营养水平的水体高。本书研究采用2个梯度的污染水平,即为了考察3种沉水植物在不同污染水平下的氮磷去除能力。结果显示,高污染水平下篦齿眼子菜和穗花狐尾藻氮磷释放的时间较低污染水平下早,表明高污染水平会加速两种沉水植物生长晚期的衰败过程,需对其环境适应能力进行进一步分析。

3.4　优势沉水植物环境适应能力对比

沉水植物的环境适应能力是影响其应用策略的重要因素之一,决定了沉水植物在成套技术中的角色定位、介入与退出时机等,以使其以最佳的生长活性发挥充分的生态功能。本书研究结合系统对氮磷的去除情况与植物株重、相对电导率的变化情况对3种沉水植物的环境适应能力进行了分析比较。

3.4.1　生理指标变化特征

植株生长速率降低是植物生长晚期的重要特征,通过植株鲜重的测定发现,低污染水平下,3种沉水植物的株重随时间无显著变化($p>0.05$),高污染水平下,也仅有篦齿眼子菜株重呈增加趋势(见图3-25),表明3种沉水植物均处于生长晚期,其中高污染水平对篦齿眼子菜的生长有一定的促进作用。

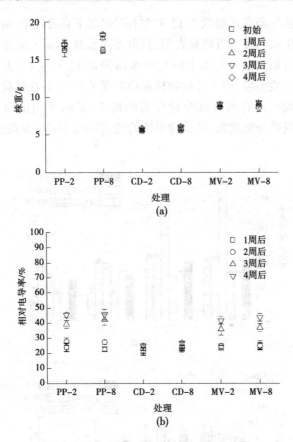

图 3-25　沉水植物株重与相对电导率变化

沉水植物在衰败过程中，表皮细胞的通透性变大，并将细胞内的物质释放到周围水体中，利用相对电导率这一指标，可以较为准确地评价沉水植物的生长活性。本书研究中，两个污染水平下生长的篦齿眼子菜和穗花狐尾藻的相对电导率均由 1 周后的 25% 左右显著提高到 4 周后的 40% 左右（$p < 0.05$），而金鱼藻始终维持在 25% 左右，随时间无显著变化（$p > 0.05$）。结果表明，篦齿眼子菜和穗花狐尾藻在水温低于 12 ℃左右时出现了衰败现象,金鱼藻则仍保持生长活性。有研究表明,金鱼藻在水温 3~8 ℃时逐渐沉向水底并开始衰败[217],本书研究中水温仍在 12 ℃左右,未达到金鱼藻的衰败温度,但 3 种植物株重均出现了波动,且在试验过程中发现其均出现有落叶或叶片变黄的现象,显示其均出现了植株残体的腐败分解现象。从植物系统的氮、磷净去除量(见图3-26)看,

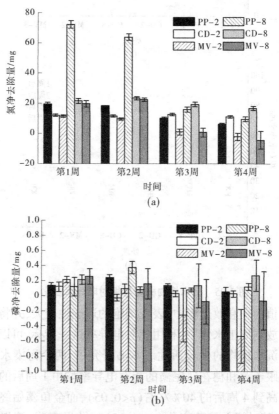

图 3-26　沉水植物系统氮、磷净去除量变化

第3、4周,篦齿眼子菜和穗花狐尾藻均出现了氮、磷的净释放,而金鱼藻也出现了氮、磷净去除量降低的情况,表明此时篦齿眼子菜和穗花狐尾藻两种沉水植物对氮、磷的吸收作用小于植株衰败引起的氮、磷的释放作用,沉水植物本身对水体氮、磷的净化不再发挥作用,反而有加重水体氮、磷污染程度的潜在风险。有研究表明,沉水植物分解过程中尤其是分解初期将释放大量的氮、磷等物质,引起周围水体水质恶化[127,218-219]。

3.4.2 环境适应能力比较

沉水植物全株生长在水面以下的特性使其对水深、透明度、水温、流速、营养盐水平等水环境因子的响应较为敏感,并受藻类、漂浮植物等相对具有生态位竞争优势的种群影响较大。本书研究结合文献与实地调查对影响3种沉水植物生长的主要环境因素进行讨论,以此作为比较其环境适应能力的依据。

3.4.2.1 水深、透明度

水深是影响沉水植物生长和分布的主要因素之一,水深变化往往能引起一系列水体理化条件的改变,如光照、溶解氧和悬浮物等[220]。由于不同沉水植物的光补偿点不同,水深带来的光照强度变化是影响沉水植物光合能力的关键因素[221]。侯德等[222]在北京开展了试验研究,发现篦齿眼子菜的光补偿深度大致为透明度下60 cm。高海龙[223]对太湖沉水植物恢复所需水深条件进行了模型分析,发现穗花狐尾藻在透明度至少为107 cm时可保障2 m水深条件下成活,即其光补偿深度为透明度下93 cm。蓝于倩等[224]发现金鱼藻在透明度为70~100 cm水体中适应深度达2.5 m,即光补偿深度为透明度下1.5~1.8 m。在云南抚仙湖的相关调查中,平均透明度2.96 m、平均水深4.27 m的水体中分布有篦齿眼子菜、穗花狐尾藻、金鱼藻等沉水植物[225]。以上结果表明,在水体透明度为1 m左右时,金鱼藻的适应水深大于穗花狐尾藻和篦齿眼子菜;当透明度较高时,3 种沉水植物的光补偿深度随之增大。

相关研究表明,水体透明度往往受到泥沙、藻类、漂浮植物等的影响。水体悬浮泥沙浓度直接影响水体透明度,水体泥沙的沉降有助于提高水体透明度,提升水下光传输能力[226]。在富营养化水体中,藻类的大量生长致使水体透明度降低,往往是沉水植物消亡的重要原因[72,227]。王婷婷等[228]对白洋淀地区沉水植物进行了调查,发现漂浮植物对沉水植物生物量与水深的关系具有调节作用。

3.4.2.2　水温

沉水植物的生长与水温有着密切关系,水温通过影响沉水植物的萌发、生长和繁殖来调节其生长过程,不同的沉水植物对温度的适应范围不同。例如,金鱼藻最适生长温度是 30 ℃[80],而竹叶眼子菜和狐尾藻的最适生长温度为 20 ℃[82];夏季较高的水温对浅水湖泊中生长的菹草、苦草和篦齿眼子菜生长有明显的抑制甚至伤害作用,而对穗花狐尾藻和金鱼藻无显著影响[103,221]。刘萌萌等[229]通过野外栽培试验发现,穗花狐尾藻可在杭州湾水体中水温 3.85~33.37 ℃条件下存活。据记载,金鱼藻则在水温低至 4 ℃时也能生长良好。本书研究通过室内培养试验发现,金鱼藻在生长晚期具有较强的生长活性,延缓了其衰败过程。在侯雪薇[230]的研究中,相同环境条件下,穗花狐尾藻残体的分解速率比金鱼藻残体快,而 20 ℃时篦齿眼子菜残体的分解速率与 30 ℃时金鱼藻残体相当,由于温度的升高会加速植物残体的前期分解,该研究表明相同环境条件下穗花狐尾藻和篦齿眼子菜的分解速率大于金鱼藻。这一方面解释了本书研究中穗花狐尾藻和篦齿眼子菜氮、磷释放高于金鱼藻的现象,也说明了金鱼藻在生长周期上较另外两种沉水植物更有优势。

3.4.2.3　流速

沉水植物对水流的响应分为两类:一类是水流临时性波动引起的被动响应,另一类是依靠沉水植物个体挠曲硬度和形态学适应性进行的主动响应[56]。在这两类响应机制下,流速对沉水植物的影响具有以下特征。

在河道中,水流产生物理作用力极大地决定了水生植物的空间和时间分布[57],往往使得沉水植物产生适应性的流线型分布[58]。Chambers 等[59]对加拿大西部两条低流速河流中的水生植物进行了调查,发现在 0.01~1 m/s 的流速范围内,水生植物的生物量随流速的增大而减少,当流速大于 1 m/s 时,水生植物稀少。Ibáñez 等[60]的调查显示,持续期长的洪水对河流中沉水植物的削减作用明显,主要原因是增大的水体流速和水体浊度对沉水植物生长产生的抑制作用。Choudhury 等[50]研究不同水体流速对穗花狐尾藻的形态影响时发现,生长在高低两个流速的溪水中的穗花狐尾藻主枝长度和侧枝的总长度无明显差异,但其全株干重、侧枝数量、分枝的程度和主枝的直径随着流速的增大而增大;叶片轮生面积和主枝的节间距随流速的增大而减小,说明流速对沉水植物形态学特征有显著影响。在浅水湖泊中,风浪引起的水流对沉水植物的形态学特征和空间分布同样有决定性作用。Zhu 等[61]通过调查,发现洱海苦草主要分布在防风的滨岸区域,且不同风浪区域间的苦草形态特征差异较大,这说明苦草对水流的影响具有一定的适应能力,但水流的胁迫作用终将影响苦草的分布。Van Zuidam 等[62]研究了波浪动力对沉水植物的影响,推测当湖泊中沉水植物暴露在强力波浪动力下时将阻碍其幼苗的定植。

在沉水植物耐受范围内,流速则对沉水植物生理和生长产生一定的影响,并影响着其生态功能的发挥。在低流速段(0~1 cm/s)内,流速的增大可以促进沉水植物的光合速率,适宜的流速可以促进沉水植物叶片对营养物质、无机碳源和氧气的吸收[63]。

较大的流速对沉水植物的生长产生胁迫,降低沉水植物的生长率,并促进沉水植物腐败部分的脱落[64]。流速的增大会降低沉水植物对悬浮颗粒物的吸附,而流速的减小则会引起沉水植物覆盖率的增大,并有利于对悬浮颗粒物的吸附,从而增加水体透明度[65]。

在本书研究选取的 3 种典型沉水植物中,篦齿眼子菜根系最为发达,穗花狐尾藻根系较为发达,对水流的耐受性较好;而金鱼藻无根,时有根状茎固着在底泥中,受流速限制较大。有研究表明,流速小于 0.09 m/s 时,金鱼藻具有较好的氮、磷去除能力。因此,在生态修复实践中要充分考虑流速对沉水植物生长的影响,结合系统净污能力的优化构建适宜的沉水植物生长环境。

3.4.2.4　营养盐

水体营养盐含量对沉水植物生长有显著影响,不同沉水植物生长的最适宜水质存在差异,这是水体富营养化过程中群落演替的重要原因[96-97]。一般情况下,当水体营养水平较低时,营养盐含量越高,越有利于沉水植物生长;当富营养化水平达到一定程度时,沉水植物生长受到抑制。例如,总氮 10~30 mg/L、总磷 1~3 mg/L 的较高营养条件对金鱼藻的光合速率和生长速率有明显影响[231];穗花狐尾藻在总氮 1.86 mg/L、总磷 0.087 mg/L 条件下较总氮 2.47 mg/L、总磷 0.16 mg/L 条件下生长更好[232];氨氮 1.5~4 mg/L 条件下适宜穗花狐尾藻生长,较高和较低的氨氮浓度对穗花狐尾藻的生长均产生影响[233];篦齿眼子菜在总氮 1.5~16.6 mg/L、总磷 0.14~4.16 mg/L 营养盐浓度范围内,营养盐水平越高则生长速率越高[210]。以上研究表明,篦齿眼子菜和金鱼藻对高营养条件的适应性较好。另外,不同营养条件下,沉水植物对氮、磷的去除能力也有所差异。李欢等[111]对室温 27~36 ℃条件下 3 个富营养化水平(低:总氮 6 mg/L、总磷 0.6 mg/L;中:总氮 10 mg/L、总磷 1 mg/L;高:总氮 30 mg/L、总磷 3 mg/L)水体中 4 种沉水植物组合群落的营养盐去除能力进行了比较,结果表明,由狐尾藻、黑藻、金鱼藻和竹叶眼子菜组成的沉水植物群落对水体总氮和总磷的去除率(2个月)随水体中营养盐浓度的增加而显著增加。由此可见,沉水植物可耐受的营养盐水平远高于当前河湖水体营养盐水平,在河湖沉水植物生态修复中,其生长和净污能力不会受到水体营养盐水平的限制。另外,有研究表明,篦齿眼子菜可在8‰的盐胁迫条件下存活,金鱼藻的最高耐受盐度为6‰,而穗花狐尾藻的盐度胁迫能力较弱,仅为2‰[234],这使得3种沉水植物在黄河流域微咸水体中可以正常生长。

综上所述,金鱼藻对水深和温度的适应范围大于篦齿眼子菜和穗花狐尾藻,但在对流速的适应性方面较弱;而与穗花狐尾藻相比,金鱼藻和篦齿眼子菜对高营养盐水平和盐度的耐受性较强。

3.5　黄河流域优势沉水植物氮磷去除机制

本书研究通过室内培养试验对3种典型沉水植物的氮磷去除能力进行了比较,本章基于试验中获取的沉水植物氮磷吸收、附着细菌群落的相关数据,从植物生理和微观层面两个角度对沉水植物氮磷去除机制进行分析讨论。

3.5.1　氮磷吸收富集能力分析

在室内培养试验过程中,篦齿眼子菜、穗花狐尾藻、金鱼藻3种沉水植物组均出现有氮磷的释放现象,将有关数据剔除后得到沉水植物对氮、磷的吸收比例(见图3-27)。从氮的吸收比例看,低污染水平下篦齿眼子菜对氮的吸收比例较高,最高达20%,且随温度降低显著下降,其余各组普遍低于10%,多在3%~8%;从磷的吸收比例看,低污染水平下,穗花狐尾藻对磷的吸收比例最高,篦齿眼子菜最低,其余各组一般在30%左右。结果表明,3种沉水植物对氮的吸收比例低于对磷的吸收比例,且不同沉水植物对氮、磷的吸收表现有所差异。

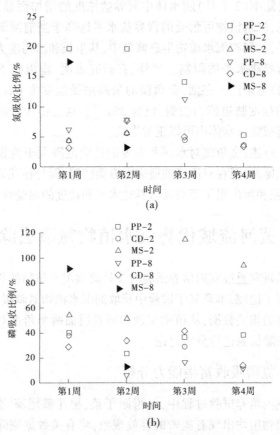

图 3-27　沉水植物总氮和总磷的吸收比例

有研究表明,狐尾藻对总氮、总磷的直接吸收贡献率远低于其增效作用贡献率[214],而沉水植物附着生物膜对总氮、总磷也有较强的吸附作用[215]。本书研究中,沉水植物种植前经过清洗,生物膜量较低,随着试验的开展,各植物生物膜量均有所增加,对氮、磷吸收比例产生一定的影响。虽然有研究表明沉水植物对氨氮也有明显的吸收作用[235],但本试验中同一处理中氨氮的浓度比总氮的浓度降得更多,表明氨氮向其他形式氮的转化是氨氮浓度降低的重要方式之一。有研究表明,氨氧化和硝化过程主要由氨氧化细菌和硝化细菌完成,水生植物附着细菌在氨氮的去除方面发挥着重要的生态功能[236]。而水体中磷的去除主要靠吸收、吸附过程,与氮的去除相比,其途径更为简单,这也是本书研究中沉水植物对氮的吸收比例远低于对磷的吸收比例的原因。

沉水植物的生长对氮、磷的直接吸收是水体氮磷去除的主要途径之一。在本书研究中,随着水温的逐渐降低,篦齿眼子菜和穗花狐尾藻相对电导率相应增大,表明两种沉水植物的生长状况随季节变化逐渐变差。在试验过程中,穗花狐尾藻和金鱼藻都有叶片脱落现象。有研究表明,植株的腐败会向水体中释放氮、磷和有机污染物等,降低水体污染物的去除率,甚至引起水质恶化[218]。因此,季节变化引起的沉水植物生长状况变化是影响其氮磷吸收的主要影响因素。由于不同沉水植物对水温的适应范围存在差异,也是影响其秋季氮磷吸收稳定性的重要原因之一。例如,本试验中,金鱼藻对氮磷的去除能力较篦齿眼子菜和穗花狐尾藻更为稳定。另外,水体营养盐含量也是影响沉水植物氮磷吸收的原因之一。有研究表明,在较高水体营养盐水平下沉水植物对氮磷的去除量也越大[210, 233],这也与本书研究结果一致。

3.5.2 氮磷去除微观机制研究

3.5.2.1 沉水植物附着物量变化

沉水植物叶片是生物膜的理想载体,这些接种源包括细菌、古菌、藻类、真菌、原生动物和后生动物等[237]。沉水植物附着生物膜在生物量和群落结构多样性方面都远远超过浮游微生物[26],同时发挥着重要的生态功能,对水体营养盐、重金属和有机污染物都有很好的去除作用[238]。通过洗脱附着生物膜的方式对沉水植物附着物量比例进行计算,发现3种沉水植物中,篦齿眼子菜附着物量比例最高,达到7%~9%,穗花狐尾藻和金鱼藻附着物量比例较低,为5%~7%,且试验进行4周后沉水植物附着物量比例显著提高(见图3-28)。沉水植物作为有生命的载体,会通过表皮细胞为附着细菌提供营养物质[239]。本书研究中,篦齿眼子菜和穗花狐尾藻在3~4周时相对电导率达到40%以上,表明其细胞通透性变差,胞内物质的释放促进附着生物膜的生长。3种沉水植物叶片附着生物膜荧光照片显示(见图3-29),随着叶片的生长其表面附着生物膜量逐渐增大,且在衰败期叶片表皮细胞结构被破坏,大量附着物在其表面及周围生长。虽然试验后期金鱼藻相对电导率仍保持在25%左右,但其叶片表皮细胞的破坏程度较另外两种沉水植物更高,这同样导致了其表面附着物的增长。由此可知,与相对电导率相比,沉水植物叶片表皮细胞的破坏程度对附着物量的增长影响更为直接。

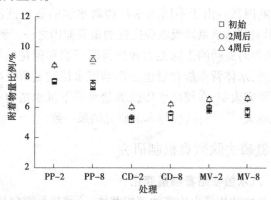

图3-28　沉水植物附着物量比例(鲜重/鲜重)

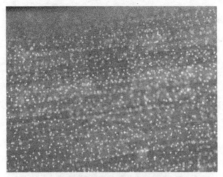

(a)篦齿眼子菜初始典型叶片

(b)篦齿眼子菜2周后典型叶片

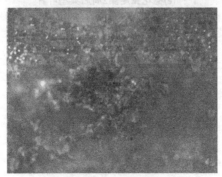

(c)篦齿眼子菜4周后典型叶片

图 3-29 沉水植物附着生物膜荧光照片

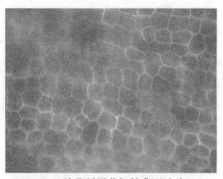

(d)穗花狐尾藻初始典型叶片

(e)穗花狐尾藻2周后典型叶片

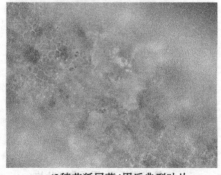

(f)穗花狐尾藻4周后典型叶片

续图 3-29

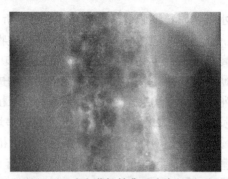

(g)金鱼藻初始典型叶片

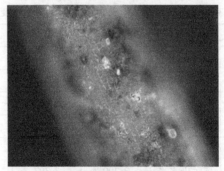

(h)金鱼藻2周后典型叶片

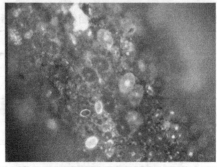

(i)金鱼藻4周后典型叶片

续图 3-29

3.5.2.2　沉水植物附着细菌群落结构与多样性分析

在过去几十年里,研究愈发显示了生物系统中生物多样性的重要性,具有更高丰度的微生物群落往往具有更强的功能性和稳定性[240]。本书研究对 3 种沉水植物附着细菌群落结构进行了高通量测序分析,序列数范围为 102 241~177 015。3 种沉水植物附着细菌 OTU 检出数量范围为 2 229~4 195,总体上随时间呈增加趋势(见表 3-5),金鱼藻附着细菌 OTU 数量较另外两种沉水植物高。从细菌多样性看,篦齿眼子菜和穗花狐尾藻附着细菌群落 Simpson 指数总体上随时间呈增加趋势,金鱼藻则表现出相反的趋势(见表 3-6)。

表 3-5　3 种沉水植物附着细菌群落 OTU 数量变化

植物种类	试验处理	初始	2 周后	4 周后
篦齿眼子菜	低污染水平	2 338	3 302	4 172
	高污染水平	3 636	4 040	4 195
金鱼藻	低污染水平	3 203	2 967	3 442
	高污染水平	2 297	3 172	3 038
穗花狐尾藻	低污染水平	2 229	4 052	3 649
	高污染水平	3 290	3 397	2 535

表 3-6　3 种沉水植物附着细菌群落 Simpson 指数

植物种类	试验处理	初始	2 周后	4 周后
篦齿眼子菜	低污染水平	0.010 6	0.011 4	0.011 7
	高污染水平	0.009 29	0.013 9	0.011 7
金鱼藻	低污染水平	0.027 4	0.024 5	0.02
	高污染水平	0.058 7	0.019 7	0.022 8
穗花狐尾藻	低污染水平	0.013 4	0.020 4	0.016 1
	高污染水平	0.013 8	0.011 9	0.023 1

在 OTU 水平上基于样品间 Bray-Curtis 距离的聚类分析(见图 3-30)显示,来自同种沉水植物的样本分别聚为一组,同组内不同污染水平和不同时间的样本均表现出一定差异。与金鱼藻相比,篦齿眼子菜与穗花狐尾藻样本间相似度更高。其中,金鱼藻样本污染水平间差异大于时间差异,篦齿眼子菜和穗花狐尾藻样本时间差异大于污染水平间差异。

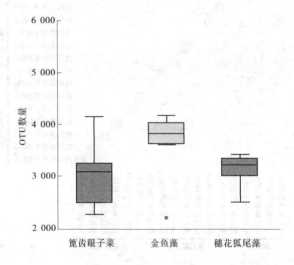

图 3-30 3 种沉水植物附着细菌群落 OTU 数量比较

总体上,3 种沉水植物附着细菌主要门(纲)为 γ-变形菌纲(34.25%~64.02%)、α-变形菌纲(13.72%~43.02%)、β-变形菌纲(0.98%~7.01%)、拟杆菌门(1.67%~16.11%)、放线菌门(0.24%~9.21%)和疣微菌门(2.84%~8.01%)(见图 3-31)。其中,与另外两种沉水植物样本相比,金鱼藻附着细菌群落中 γ-变形菌纲(49.21%~64.02%)、放线菌门(3.16%~9.21%)相对丰度较高,α-变形菌纲(13.91%~26.16%)和拟杆菌门(1.67%~

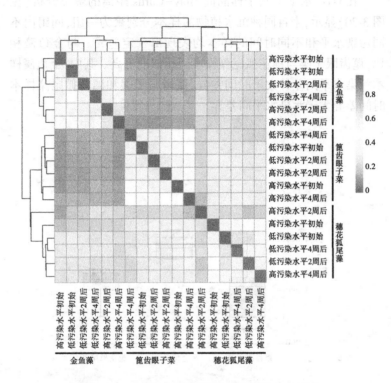

图 3-31　OTU 水平上附着细菌群落样本距离分析

3.74%)相对丰度较低。与低污染水平样本相比,高污染水平下样本细菌群落中 α-变形菌纲和放线菌门相对丰度有下降趋势,γ-变形菌纲、拟杆菌门和疣微菌门相对丰度有增高趋势。与初始样本相比,γ-变形菌纲和疣微菌门相对丰度有升高趋势,α-变形菌纲和放线菌门相对丰度有下降趋势(见图 3-32)。

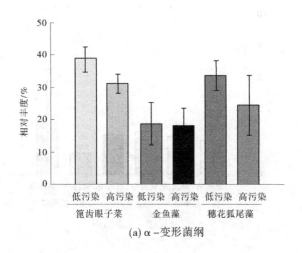

(a) α–变形菌纲

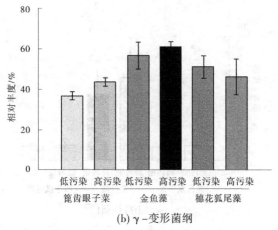

(b) γ–变形菌纲

图 3-32　不同污染水平下沉水植物附着细菌群落结构特征

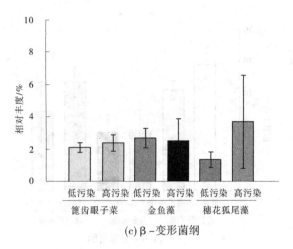

(c) β-变形菌纲

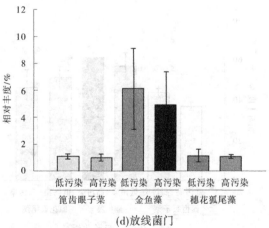

(d)放线菌门

续图 3-32

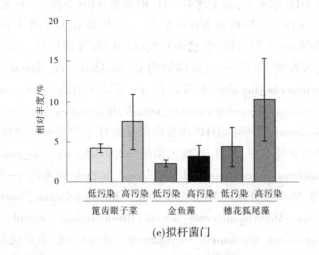

(e)拟杆菌门

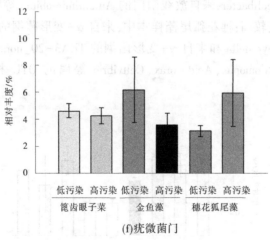

(f)疣微菌门

续图 3-32

在 OTU 水平上,基于优势 OTU 的聚类分析(见图 3-33)显示,总体上,3 种沉水植物样本各自聚为一组,优势 OTU 主要来自 γ-变形菌纲、α-变形菌纲,个别来自放线菌门和疣微菌门。通过各组间比较发现,来自 γ-变形菌纲的 Burkholderiaceae_norank、Steroidobacteraceae_uncultured 和来自 α-变形菌纲的 Sphingomonadaceae_norank、Rhodobacteraceae_norank、Rhizobiales_Incertae_Sedis、Roseomonas 等属的 OTU 在篦齿眼子菜样本中相对丰度较高;而在金鱼藻样本中,来自 α-变形菌纲的 Rhodobacteraceae_norank、Rhodobacteraceae_uncultured、Rhizobiaceae_norank 和来自 γ-变形菌纲的 Methylophilus、Hydrogenophaga、Rhodocyclaceae_norank、Arenimonas、Methylophilaceae_norank、Rhodocylaceae_norank、Steroidobacteraceae_uncultured、Thermomonas_uncultured,来自疣微菌门的 Luteolibacter,来自放线菌门的 Aurantimicrobium 等属的 OTU 相对丰度较高;穗花狐尾藻样本中,来自 α-变形菌纲的 Niveispirillum、Reyranella 和来自 γ-变形菌纲的 TRA3-20_norank、Curvibacter、Halomonas、Acidovorax、Cellvibrio 等属的 OTU 相对丰度较高。

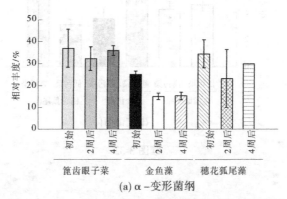

(a) α-变形菌纲

图 3-33　沉水植物附着细菌群落结构特征时间变化

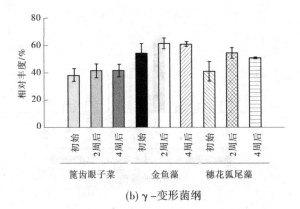

(b) γ-变形菌纲

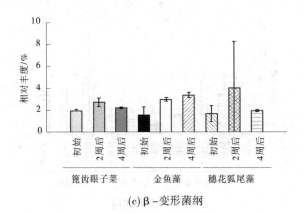

(c) β-变形菌纲

续图 3-33

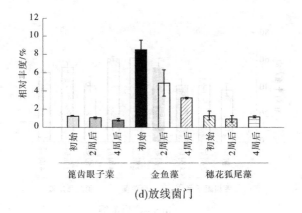

(d)放线菌门

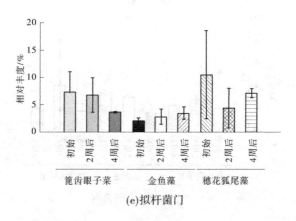

(e)拟杆菌门

续图 3-33

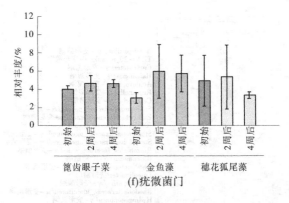

(f)疣微菌门

续图 3-33

　　基于优势 OTU 的样本间聚类分析(见图 3-34)进一步显示,不同污染水平间优势 OTU 的相对丰度有所差异。例如,同一采样时间的金鱼藻样本中高污染水平下优势 OTU 的相对丰度较低污染水平普遍更高,篦齿眼子菜和穗花狐尾藻样本部分 OTU 也表现出类似的趋势。在时间变化上,优势 OTU 表现出一定的演替现象,例如,金鱼藻样本中来自 Aurantimicrobium、Methylophilaceae_norank、Rhizobiaceae_norank 等属的 OTU 相对丰度随时间呈下降趋势,而来自 Rhodocyclaceae_norank、Steroidobacteraceae_uncultured、Thermomonas_uncultured 等属的 OTU 表现出相对丰度的增加趋势。

3.5.3　沉水植物附着细菌群落的主要影响因素

　　本书研究基于室内培养试验,通过沉水植物附着细菌群落的高通量测序分析,探究了沉水植物附着细菌群落的差异与变化特征,以期获取 3 种沉水植物在氮磷去除微观机制方面的规律与差异,为其应用实践提供科学依据。

　　本书研究中,3 种沉水植物附着细菌群落以变形菌门、放线菌

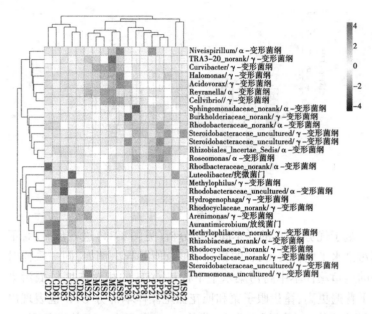

图 3-34　基于优势 OTU 的样本间聚类分析

门、拟杆菌门和疣微菌门为主,这与以往研究中有关沉水植物附着细菌群落结构在门水平上的描述较为一致,但从纲和 OTU 水平上,与生长旺盛期的沉水植物附着细菌群落结构差异明显[132,241-242],表现在异养菌的相对丰度较高,且随时间和污染水平有增加的趋势,与秋冬季水生植物附着细菌群落结构较为相似[243],显现出植物残体降解初期的附着细菌群落结构的一些特征[218,244]。聚类分析显示,3 种沉水植物间附着细菌群落结构差异较不同污染水平、不同采样时间之间的差异更大,表明在本书研究中宿主植物对附着细菌群落的影响大于水温、营养盐等环境因素的影响。

3.5.3.1　宿主植物

沉水植物是附着细菌的天然载体,拓展了其生存空间,且对其活性与功能有着重要的促进作用,也可通过营养物质和化感物质的分泌对附着细菌群落结构进行调控。在湿地生态系统中,水生植物附着微生物密度和活性显著高于周围水体,在沉水植物密集区域生物膜的生物量甚至会超过植物本身[44, 245]。本书研究中,篦齿眼子菜附着物量高于穗花狐尾藻和金鱼藻,表明其在促进附着细菌生长方面存在一定优势。在调控方面,沉水植物可以通过分泌化感物质影响附着细菌群落结构[239]。本书研究中,3 种沉水植物附着细菌样本分别聚为一组,附着细菌群落结构的宿主特异性表现明显。另外,沉水植物分泌的有机物质不仅能提供附着细菌生长所需的营养物质[46],还可以促进其群落结构的变化[246]。尤其是植物衰败过程中,破损的叶片表皮细胞附近细菌等微生物大量聚集生长,形成较厚的生物膜。本书研究通过荧光显微观察发现,3 种沉水植物衰老叶片上均有这种现象,且高通量测序显示,其异养菌的相对丰度有增加的趋势,表明沉水植物生长晚期附着细菌群落受植物有机营养释放影响而发生改变。

3.5.3.2　水温

　　季节变化是影响附着细菌生长的重要因素,其中水温的变化是关键因子之一。本书研究中,随着水温的降低,沉水植物系统氮磷的去除能力下降,除沉水植物自身吸收能力降低外,附着细菌对氮的转化能力也有所降低。有研究表明,水温对附着细菌活性和去污能力都有影响,温度越低,附着细菌活性和去除能力越低[247],且附着微生物群落中异养微生物丰度主要受温度变化调节[248]。本书研究中,随着水温的降低,附着细菌群落结构发生了一定的变化,主要表现在异养菌相对丰度的增加和一些优势 OTU 的演替,这与相关研究结论较为一致。但与作者以往研究不同,本书研究中未发现光合细菌相对丰度的显著降低趋势,可能与本次试验周期较短、光照条件差异不大有关。

3.5.3.3　营养盐

适宜的营养条件是附着细菌生长和发挥生态功能的保障。本书研究中,3种沉水植物附着物量均呈现出增加趋势,但同种沉水植物附着物量在不同污染水平间无显著差异,表明本书试验中营养盐梯度对附着微生物的生长速率无显著影响。但从氮磷释放来看,高污染水平促进了篦齿眼子菜和穗花狐尾藻残体衰败,表明营养盐可通过影响沉水植物的衰败分解来影响其附着细菌的生物量和群落结构。

水体营养盐浓度影响附着细菌的营养吸收[249]。从营养盐的去除途径看,与植物直接吸收相比,微生物作用对氮的去除能力更强,且在高污染水平下微生物作用去除量比低污染水平下更高。但随温度下降,高污染水平下植物残体衰败的同时,氮的去除能力大幅降低。有研究表明,氨氮负荷增加或有机负荷增加导致氧气消耗增加,从而导致异养生物和硝化细菌之间对氧气的竞争,是硝化细菌生物量和硝化速率降低的原因。虽然本书研究中水体溶解氧各组间差异不显著且随时间变化也不大,但基于作者前期的试验结果[41],沉水植物附着细菌局部的氧竞争可能存在。

3.6　黄河流域优势沉水植物应用潜力分析

本书通过文献资料整理、野外调查和室内试验等手段,筛选出了篦齿眼子菜、穗花狐尾藻和金鱼藻3种流域优势沉水植物,并对其分布范围、氮磷去除能力、环境适应能力等进行了分析比较,结合以上结果对其应用潜力进行综合分析,见表3-7。

总体上,篦齿眼子菜综合评价最优。与穗花狐尾藻和金鱼藻相比,其在污染去除能力和环境适应能力方面都具有较大优势,尤其是在氮磷去除能力和盐度耐受能力方面优势明显。虽然篦齿眼子菜在水深适应能力上相对略弱,但在实际应用中水深往往不是限制因素。因此,篦齿眼子菜可作为黄河流域农业面源污染生态治理中的先锋物种。

表 3-7 常见沉水植物应用潜力分析

沉水植物	篦齿眼子菜	穗花狐尾藻	金鱼藻
分布范围	广布种	广布种	广布种
污染耐受能力	总氮≤30 mg/L 总磷≤3 mg/L	总氮≤30 mg/L 总磷≤3 mg/L	总氮≤30 mg/L 总磷≤3 mg/L
盐度耐受能力	8‰	2‰	6‰
污染去除能力	总氮去除率31% 总磷去除率11%	总氮去除率21% 总磷去除率7%	总氮去除率22% 总磷去除率5%
温度适应能力	最适 20 ℃	最适 20 ℃	最适 30 ℃
残体分解速率	很快	很快	较快
水深适应范围	透明度下 60 cm	透明度下 93 cm	透明度下 1.5~1.8 m
流速适应能力	≤1 m/s	≤1 m/s	最适 0.09 m/s
综合评价	先锋物种	常规辅助物种	缓流辅助物种

穗花狐尾藻在盐度耐受能力和污染去除能力方面略逊于篦齿眼子菜,但其水深适应范围略大于篦齿眼子菜,在其他方面与篦齿眼子菜相当。鉴于黄河流域农业灌溉退水的盐度一般小于1‰,并不会对穗花狐尾藻的生长产生胁迫。因此,在应用潜力方面,穗花狐尾藻仅在污染去除能力方面不如篦齿眼子菜,可作为篦齿眼子菜的常规辅助物种。

与篦齿眼子菜和穗花狐尾藻相比,金鱼藻在水深适应范围上具有较大优势,在污染去除能力上与穗花狐尾藻相当。值得一提的是,金鱼藻在 13 ℃左右的低温下污染去除能力衰减幅度远低于篦齿眼子菜和穗花狐尾藻,残体分解速率相对也稍慢,对于秋冬交替时水体净化能力有较好的维持作用。但由于其无根系,植株往往聚集在上层水体,在流速适应能力方面劣势明显,可作为缓流条件下的辅助物种。

综上所述,篦齿眼子菜、穗花狐尾藻和金鱼藻可作为有机组合,在黄河流域农业面源污染生态治理中发挥作用。

第4章　黄河流域典型微藻筛选及其应用潜力分析

4.1　流域典型微藻资源特征

微藻是淡水生态系统中重要的初级生产者,其群落结构的变化会引起系统中食物网结构的改变,从而影响淡水生态系统的能量流动、物质循环和信息传递,在河流生态系统的结构和功能中具有重要的调控作用。黄河流域系统性微藻资源分布调查研究相对较少,历史数据资料较为缺乏,微藻资源调查最早可追溯到20世纪50年代,中国科学院动物研究所开展黄河干支流微藻等渔业资源调查,由于调查时间较短(7~8月)且未做定量统计,更多结果是定性描述和基本概述,调查研究显示黄河干流微藻种类或数量都较为贫乏,与黄河有直接关联的河流、湖泊微藻却相对丰富。调查结果表明,黄河干流中微藻稀少的原因很大程度上是与黄河泥沙含量高、水流急湍有着密切的关系[250]。

20世纪80年代,原国家水产总局组织开展"黄河水系渔业资源调查",调查包括黄河干流断面和附属水体微藻等渔业生物资源分布状况,调查显示微藻生物量及主要种类具有季节变化特征,黄河干流微藻生物量的峰值在春季;黄河干流微藻生物量仍然处于较低水平,平均含量为0.411 mg/L,主要优势种以硅藻、绿藻、甲藻、裸藻为主[251]。2008年,中国科学院水生生物研究所调查包括三门峡水库、小浪底水库、花园口等黄河干流断面微藻群落结构特征,发现微藻种类、生物量与 20 世纪 80 年代相比,种类数量减少,生物量有明显增加趋势;从微藻种类组成上看,各河段多以河流性藻类为主,硅藻最多,其次为绿藻,再次为蓝藻,其他藻类的种类较少[252]。

2013~2014 年,河南省水产科学研究院对三门峡、小浪底、伊洛河口、桃花峪、开封柳园口、伊洛河、沁河、天然文岩渠、金堤河等黄河干支流断面进行了 4 个季度的调查采样[253],分析了微藻生物群落的种类组成、密度、生物量和生物多样性等群落特征。调查结果显示,黄河河南段干支流微藻共有 8 门 73 种(属),其中绿藻门 24 种(属)、硅藻门 23 种(属)、蓝藻门 11 种(属),种类数最多。微藻数量变化为 $4.57 \times 10^4 \sim 8.0 \times 10^5$ cells/L,存在明显季节变化趋势,即夏秋季最大,冬季最小;生物多样性指数变化范围为 0.78~1.89,有逐渐降低的趋势,其中三门峡水库、小浪底水库、伊洛河、沁河、金堤河和天然文岩渠较高,黄河干流桃花峪、伊洛河口和开封段较低,黄河干流河南段微藻种类和丰度与支流河流相比,数值均较低,这与黄河上三门峡水库和小浪底水库大坝下泄低温水、河道多泥沙有关。

根据 2018~2020 年黄河流域(片)典型河湖微藻调查监测,微藻组成以绿藻和硅藻为主,以岱海为例,其微藻数量及生物量具有较为明显的季节变化趋势,表现为夏秋季生物量较高,冬春季相对较低,且微藻生物量均有逐渐增加的趋势(见图 4-1)。近年来,黄河流域河湖生态环境有逐渐改善趋势,以乌梁素海为例,2019 年共监测微藻种类 6 门 30 属 43 种,2020 年共监测微藻种类 6 门 38 属 50 种,微藻生物多样性有升高趋势,但是生物多样性指数总体仍然相对较低,处于中度污染范围(多样性平均值介于 1.0~2.0),与 20 世纪 50 年代相比较,微藻物种种类数量显著减少。

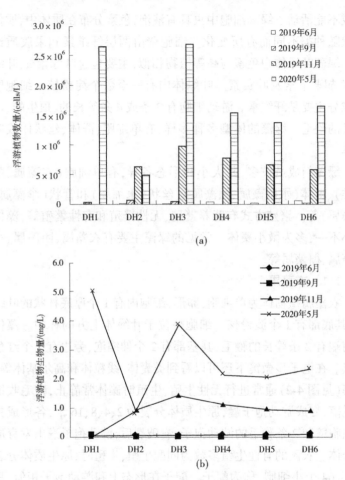

(a)

(b)

图 4-1　岱海微藻(浮游植物)数量及生物量

4.1.1　绿藻

绿藻藻体颜色呈草绿色,具有光合色素,典型的绿藻细胞可活动或不能活动。绿藻细胞中央具有液泡,色素分布在质体中,质体形状随种类不同而有所变化。细胞壁由两层纤维素和果胶质组成。绿藻叶绿体中色素与高等植物相似,主要包含叶绿素 a、叶绿素 b、胡萝卜素及叶黄素。叶绿体内有一至数个淀粉核。细胞壁的成分主要是纤维素。游动细胞有 2 条或 4 条等长的、顶生的、尾鞭型的鞭毛。绿藻的体型多种多样,有单细胞、群体、丝状体或叶状体。

绿藻门成员较多,其大小和形态各异,有单细胞(衣藻属、鼓藻类)、群体(水网藻属、团藻属)、丝状(水绵属)和管状(伞藻属、蕨藻属)等。繁殖方式有营养繁殖、无性繁殖和有性繁殖等,藻体大小不一,多为微小藻体。常见的绿藻主要有衣藻属、团藻属、小球藻属、栅藻属等。

4.1.1.1　衣藻属

衣藻属植物体为单细胞,卵形,细胞内有 1 个厚底杯状的叶绿体,其底部有 1 个淀粉核。细胞核位于叶绿体上方的杯中。藻体的前端有 2 条等长的鞭毛,其基部有 2 个伸缩泡,旁边有 1 个红色眼点。在电子显微镜下还可以看到类囊体、线粒体和高尔基体等。衣藻(见图4-2)通常进行无性生殖,生殖时藻体常静止,鞭毛收缩或脱落,变成游动孢子囊,原生质体分裂为 2、4、8、16 个,各形成具有细胞壁和 2 条鞭毛的游动孢子,囊破裂后,游动孢子逸出发育成新个体。衣藻的有性生殖多数为同配生殖,生殖时,原生质体分裂成 8~64 个小细胞,称为配子。配子在形态上和游动孢子相似,只是体形较小。配子从母细胞中放出后,游动不久即成对结合,成为 $2N$、具有 4 条鞭毛的合子,合子游动数小时后变圆,形成有厚壁的合子。合子经过休眠,在环境适宜时萌发。萌发时经过减数分裂,产生 4 个游动孢子。当合子壁破裂后,游动孢子游散出来各形成一个新的衣藻个体。

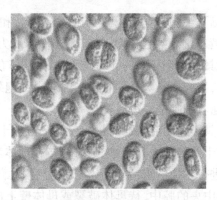

图 4-2　衣藻

4.1.1.2　团藻属

团藻属在动物界中属原生动物门中的植鞭亚纲,在植物界中属绿藻门团藻目团藻属。多生活在有机质较丰富的淡水中,藻体呈球形,直径约 5 mm。团藻(见图 4-3)外面有薄胶质层,能游动。每个团藻由 1 000~50 000 个衣藻型细胞成单层排列在球体表面形成。所有细胞都排列在球体表面的无色胶被中,球体中央为充满液体的腔。

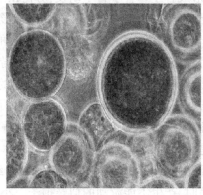

图 4-3　团藻

群体成熟后,细胞分化成营养细胞(体细胞)和生殖细胞(生殖胞)两类。营养细胞数目很多,具有光合作用能力,能制造有机物。每个细胞具有 1 个杯状的叶绿体,叶绿体基部有 1 个蛋白核,细胞前端朝外,生有 2 条等长的鞭毛。因每个细胞外面的胶质膜被挤压,从表面看细胞呈多边形。

生殖细胞具繁殖功能,数目很少,仅 2 个至数十个,但体积却为营养细胞的十几倍甚至几十倍,通常分布在球体后半部。环境适宜时,团藻进行无性生殖,生殖胞经多次分裂,发育成子群体,子群体陷入母体中央的腔中,待母体破裂或母体壁上出现裂口时逸出,发育成新的团藻个体。

团藻属依种类不同存在雌雄异体与雌雄同体之分。其有性生殖为卵式生殖,多发生在生长季末期,雄性个体上由生殖胞形成大的精子囊,雌性个体上由生殖胞形成大的卵囊。雌雄同体的个体上既产生精子囊又产生卵囊。进行有性生殖时,精子囊中形成的精子,形成彼此并行连接的精子板或精子团块,整个精子板自精子囊中游出,待到达卵囊上方时才彼此散开,精子穿过卵细胞周围的胶质,与卵结合形成合子。合子暂不萌发,分泌出一个厚壁,转入休眠状态,一般到次年环境适合时,经减数分裂,形成 4 个单倍体的子核,其中 3 个退化,仅 1 个发育成具 2 条鞭毛的游动孢子(或静孢子),合子外壁破裂时,内壁成一薄囊包裹着游动孢子。游动孢子从裂口逸出,经多次分裂,最后发育成 1 个新的团藻个体。

团藻属分布在全世界,多见于淡水池塘或临时性积水中。

4.1.1.3 小球藻属

小球藻属是色球藻目中的常见植物。植物体为圆形或椭圆形,是单细胞浮游性种类。体内含有片状和杯状叶绿体,一般无淀粉核。无性生殖时,产生不能游动的似亲孢子。小球藻属分布很广,生活于含有机质的池塘及沟渠中。常见种类有普通小球藻、椭圆小球藻和蛋白核小球藻。

　　小球藻(见图 4-4)是小球藻属普生性单细胞绿藻,为球形单细胞淡水藻类,是一种高效的光合植物,直径 3~8 μm,出现在 20 多亿年前,是地球上最早的生命之一,以光合自养生长繁殖,分布极广。常单生,也有多细胞聚集。细胞球形、椭圆形,内有 1 个周生、杯状或片状的色素体。无性繁殖,每个细胞可以产生 2、4、8 或 16 个似亲孢子,成熟时母细胞破裂,孢子逸出,长大后即为新个体。广泛分布于自然界,以淡水水域种类最多,可通过人工培养大量繁殖,不仅能利用光能自养,还能在异养条件下利用有机碳源进行生长、繁殖,并且生长繁殖速度快,是地球上动植物中唯一能在 20 h 增长 4 倍的生物。细胞内的蛋白质、脂肪和碳水化合物含量都很高,又有多种维生素,可食用和作为饵料。

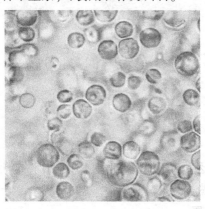

图 4-4　小球藻

4.1.1.4　栅藻属

　　栅藻属是绿球藻目中定型群体中的常见植物,一般为 4 个细胞,也有 8 个或 16 个细胞的群体。栅藻(见图 4-5)细胞通常为椭圆形、卵圆形、长筒形、纺锤形、新月形等。每个细胞内有 1 个周位的、片状的叶绿体,1个蛋白核和1个细胞核,细胞壁光滑或有各种突起,如或有突起、各种刺、刺毛、颗粒、纵肋等。细胞单核,幼细胞的载色体是纵行片状,老细胞则充满着载色体,有1个蛋白核。群体细胞是以长轴互相平行排列成1行,或互相交错排列成两行。群体中的细胞有同形或不同形的,无性生殖,产生似亲孢子。产生似亲孢子时,细胞中的原生质体发生横裂,接着子原生质体纵裂,子原生质体变成似亲孢子,从母细胞壁纵裂的缝隙中放出,与纵轴相平行排列成子群体。

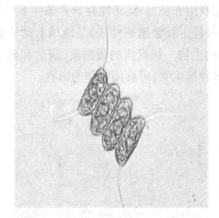

图4-5　栅藻

栅藻属广泛生活于池塘、湖泊、沟渠、小水坑等水体中,是常见的重要的浮游藻类。

4.1.1.5　丝藻属

丝藻属是绿藻门丝藻目,藻体为单条丝状体,由直径相同的圆筒形细胞上下连接而成,基部一般以单细胞的固着器固着,生长在岩石或木头上。组成藻丝的所有细胞形态相同,罕见两端细胞钝圆或尖形,以长形基细胞附着在基质上,基细胞简单或略分叉成假根状,细胞呈圆柱状,有时略膨大,一般宽大于长,有时有横壁收缢。

丝藻(见图 4-6)细胞中央有 1 个细胞核,叶绿体环带形成筒状,位于侧缘,其上含有 1 个或数个蛋白核,丝状体一般为散生长,除基部固着器的细胞外,藻体的营养细胞都可进行分裂,产生细胞横隔壁进行横分裂。细胞壁一般为薄壁,有时为厚壁或略分层,少数种类具胶鞘。丝藻属能进行无性生殖和有性生殖。无性生殖时,除固着器细胞外,全部营养细胞均产生具有 4 根或 2 根鞭毛的游动孢子,1 个细胞可产生 2、4、6、8、16 或 32 个游动孢子。游动孢子具有眼点和伸缩泡,游动缓慢,其后以鞭毛的一端附着于基质,萌发形成一个基部固定器细胞,分裂延长为单列细胞的丝状体。有性生殖过程为同配生殖,配子在水中游动然后成对结合,来自不同个体的配子之间进行结合发生有性过程,称为异宗配合现象。合子经休眠及减数分裂后,产生游动孢子和静孢子,每个孢子长成一个新的植物体。

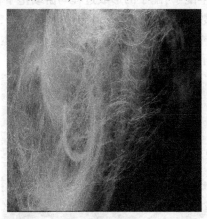

图 4-6 丝藻

丝藻属除少数海水及咸水种类外,多生活在淡水中或潮湿的土壤或岩石表面,一般喜低温,夏天较少。

4.1.1.6 石莼属

石莼属为常见海藻,藻体呈黄绿色,长 10~30 cm,最长可达

40 cm。属多细胞生物,为2层细胞组成的片状叶状体。由基部细胞延伸出假根丝,假根丝生在两层细胞之间,并向下生长伸出植物体外,互助紧密交织,构成假薄壁组织状的固着器,固着于岩石上。藻体细胞表面观为多角形,切面观为长形或方形,排列不规则但紧密,细胞间隙富有胶质。细胞单核,位于片状体细胞的内侧。载色体片状,位于片状体细胞的外侧,有一枚蛋白核。石莼(见图4-7)有孢子体和配子体两种植物体,均由两层细胞组成。成熟的孢子体除基部细胞外,藻体细胞均可形成孢子囊,初始形成位于叶状体上部叶缘的营养细胞,此后向内及中、下部扩大。孢子囊孢子母细胞核经过减数分裂,形成具4根鞭毛的游动孢子,成熟后,由孢子囊的小孔逸出,游动一段时间后,附着在岩石上,失去鞭毛,分泌细胞壁,约两三天后萌发成配子体,此期为无性生殖。配子体成熟后有性生殖时产生配子,配子的形成过程与游动孢子相似,但配子囊母细胞核无减数分裂过程。每个配子囊产生16~32个具2条鞭毛的配子。石莼多数为异配生殖,由不同藻体产生的配子才能结合成合子。合子在两三天内萌发为孢子体。

图4-7　石莼

石莼多数种类分布在温带至亚热带海洋中,生长在高潮带至低潮带和大干潮线附近的岩石上或石沼中。

4.1.1.7　水绵属

水绵属为多细胞丝状结构个体,叶绿体呈带状,有真正的细胞核,含有叶绿素,可进行光合作用。藻体是由 1 列圆柱状细胞连成的不分枝的丝状体,藻体表面含有较多的果胶质,用手触摸时颇觉黏滑。在显微镜下,可见细胞中央有 1 个大液泡,细胞核由原生质丝牵引,悬挂于细胞中央,每个细胞内含 1 至数条带状叶绿体,呈双螺旋筒状绕生于紧贴细胞壁内方的细胞质中,叶绿体上有 1 列蛋白核。

水绵(见图 4-8)的有性生殖为接合生殖,常见的有梯形接合、侧面接合和直接侧面接合 3 种类型,但以梯形接合为最常见。接合生殖多于春季和秋季发生,这时丝状体的颜色也由绿变为黄绿,进行梯形接合生殖时,由 2 条并列的丝体上相对的细胞中各生出 1 个突起,突起相接触处的壁溶解后形成接合管。同时,细胞内的原生质体收缩形成配子,1 条丝体中的配子经接合管而进入另 1 条丝体中,相互融合成为合子。2 条丝体和它们之间所形成的多个横列的接合管,外形很像梯子,因此叫作梯形接合。如接合管发生在同一丝状体的相邻细胞间,则叫侧面接合。

图 4-8　水绵

水绵全部生长于淡水中,广布于池塘、沟渠、河流、湖泊和稻田,繁盛时大片生于水底,或成大团块漂浮水面。

4.1.2　硅藻

硅藻(见图4-9)是一类具有色素体的单细胞植物,藻体呈橙黄色或黄褐色,常由几个或很多细胞个体彼此连接成链状、带状、丛状、放射状的群体,形态多种多样。浮游或着生,着生种类常具胶质柄或者包被在胶质团或胶质管中。硅藻的一个主要特点是细胞外覆硅质(主要是二氧化硅)的细胞壁,细胞壁由2个套合的半片组成,称为上壳(在外)和下壳(在内),上下壳均有一凸起的面,称为壳面。上壳和下壳均由果胶质和硅质组成,没有纤维素。载色体多为小盘状或片状,色素主要有叶绿素a、叶绿素c、β-胡萝卜素、α-胡萝卜素和叶黄素。叶黄素类主要含有墨角藻黄素,其次是硅藻黄素和硅甲黄素。

图4-9　硅藻

硅藻生殖方法有有性生殖和营养生殖(营养生殖为主要生殖方式)。营养生殖分裂初期,细胞的原生质略增大,细胞核分裂,色素体等原生质体也一分为二,母细胞的上、下壳分开,新形成的两个细胞各自再形成新的下壳,这样形成的两个新细胞中,一个与母细胞大小相等,一个则比母细胞小。硅藻细胞经多次分裂后,个体逐渐缩小,到一个限度,这种小细胞不再分裂,而产生一种孢子,以恢复原来的大小,这种孢子称为复大孢子。复大孢子的生殖方式有无性生殖和有性生殖两种。

硅藻是一类最重要的浮游植物,分布极其广泛,在海洋、淡水、泥土及潮湿的表面上均可存活。

4.1.3 蓝藻

蓝藻(见图4-10)又名蓝绿藻,是一类进化历史悠久,革兰氏染色阴性,无鞭毛,含叶绿素a,但不含叶绿体,能进行产氧性光合作用的大型单细胞原核生物。蓝藻没有叶绿体、线粒体、高尔基体、中心体、内质网和液泡等细胞器,细胞器是核糖体。蓝藻中含有叶绿素a、数种叶黄素和胡萝卜素及藻胆素。蓝藻的细胞壁和细菌的细胞壁的化学组成类似,主要成分为肽聚糖(糖和多肽形成的一类化合物),储藏的光合产物主要为蓝藻淀粉和蓝藻颗粒体等。细胞壁分内、外两层,外层是胶质衣鞘以果胶质为主,或有少量纤维素,细胞质部分有很多同心环样的膜片层,称为类囊体,光合色素与电子传递链均位于此。蓝藻不具有真正的细胞核,组成细胞核的物质集中在中央区,无核仁和核膜,细胞内常含有充满气体的"伪空泡",使藻体漂浮于水面。储藏物质以蓝藻淀粉为主,遇碘液呈淡红褐色。所有蓝藻类都无鞭毛。

蓝藻的繁殖方式有两类:一类为营养繁殖,包括细胞直接分裂(裂殖)、群体破裂和丝状体产生藻殖段等几种方法;另一类为某些蓝藻可产生内生孢子或外生孢子等,以进行无性生殖,孢子无鞭毛。

蓝藻门分为色球藻纲和藻殖段纲两纲,主要品种包括蓝球藻、颤藻、念珠藻等。

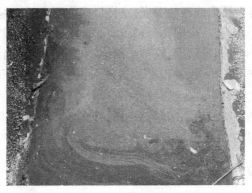

图 4-10　蓝藻

4.1.3.1　蓝球藻

蓝球藻漂浮于水中,通常为蓝绿色,在光线不足的地方呈紫红色。细胞呈球形或半球形,内部无成形细胞核,仅有相当于细胞核的中心质部。无色素体,色素分散在细胞质中,称为色质。色质呈淡蓝绿色、黄色、红色或蓝紫色,并含有小的颗粒体。细胞壁分为两层,内层由纤维素构成,外层由果胶质构成,果胶质常形成厚厚的胶鞘,起保护作用,以抵抗不良环境。植物体为单细胞或由两个以上的细胞组成的群体。

蓝球藻具有耐热的特性,能够适应不同的温度,甚至在 75~80 ℃的高温中也能生活,它还常与菌类植物在互利的条件下发生共生现象。

4.1.3.2　颤藻

颤藻(见图 4-11)表面有黏液鞘,在显微镜底下可以看见细薄的丝状构造。颤藻是多细胞蓝藻菌,藻丝外一般没有胶鞘,藻丝体柔软,能沿其长轴做滚转或匍匐的运动,称为滑溜运动。其细胞可以分泌黏液,使藻丝体在物体表面滑行,因此颤藻又是滑行细菌中的一种。

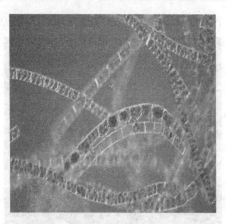

图 4-11　颤藻

颤藻生命力极强,生长不受季节变化的影响,一年四季都可以采到,为集群生活,大量繁殖时会形成有腥臭味的蓝黑色皮块,干涸的水沟底部因干燥而翘起来的绿色片状物,即颤藻。颤藻是分布最为广泛、生命力极强的藻类,其生长不受季节变化的影响,同时也是引起水华的主要藻体,常与蓝藻门的铜绿微囊藻和水华束丝藻等一起形成水华。

4.1.3.3　念珠藻

念珠藻(见图 4-12)藻体为蓝绿褐色,由单细胞串成念珠形的丝状体组织,外被透明的胶质鞘,幼小时为实心,长成后为空心,老时破裂成片状。藻体为多细胞的丝状体,藻丝单列,细胞为球形、椭圆形、圆柱形、腰鼓形等,同大,或从基部至梢端逐渐变细。藻丝平直,弯曲或规则地卷曲、旋绕,丝状体无分枝或具各式样的伪分枝。细胞具胶鞘,鞘内有 1 条至多条藻丝。依属种的不同,其胶鞘为透明无色或有颜色,均质或有层理,胶状或坚韧。藻丝大多数具异形胞,为球形、长球形或锥形,位于藻丝的基部(基生)、营养细胞之间(间生),或在藻丝的两端(端生),伪分枝发生的位置往往和异形胞有关。念珠藻有许多属具厚壁孢子,基生或间生,有时除异形胞外,整个藻丝其余全部营养细胞都可发育成厚壁孢子。

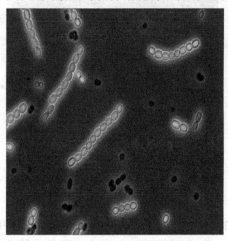

图 4-12　念珠藻

4.2　典型微藻培育及生长特性研究

4.2.1　试验材料与试验方法

4.2.1.1　试验材料

1.藻种

通过对黄河流域典型河湖调查分析,流域具有高光照、高盐度、营养污染严重等特点;结合常用饵料微藻蛋白质、碳水化合物、脂类等营养成分分析,选取能够适应流域光照、温度、盐度与营养条件,并且适应于扩大培养,便于资源化利用,具有较高营养价值的藻种进行试验研究。综上所述,最终选取蛋白核小球藻(*Chlorella pyrenoidesa*)、钝顶螺旋藻(*Spirulina platensis*)和杜氏盐藻(*Dunaliella salina*)开展试验研究。

1) 蛋白核小球藻

蛋白核小球藻(见图4-13)为绿藻门小球藻属普生性单细胞绿藻,是一种球形单细胞淡水藻类,具有高效光合特性,以光合自养生长繁殖,分布极广。蛋白核小球藻含有丰富的蛋白质、维生素、矿物质、食物纤维、核酸及叶绿素等,蛋白质含量在50%左右,超过牛肉、大豆等高蛋白食物;还含有10%~30%不饱和脂肪酸、10%~25%碳水化合物,并含有8种必需氨基酸、丰富的多种维生素,以及铁、锌、钙、钾等矿物质。此外,人们还发现小球藻内含有一种珍贵的生长因子(CGF),是具有刺激细胞生长活性的细胞因子。

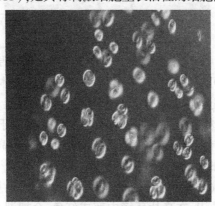

图4-13 蛋白核小球藻

蛋白核小球藻具有增强机体免疫力、吸附体内毒素、调血压、降血脂、抗氧化、抗肿瘤和抗感染的作用,是一种具有广泛应用前景的原料。

2) 钝顶螺旋藻

钝顶螺旋藻(见图4-14)的藻丝为螺旋状,无横隔壁,藻体呈蓝绿色。藻丝宽4~5 μm,长400~600 μm,顶端细胞呈钝圆形,无异形胞。适宜生长温度为25~27 ℃,采用无性二分裂法进行繁殖。

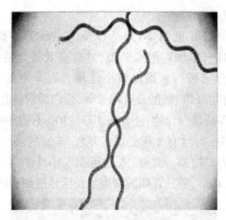

图 4-14　钝顶螺旋藻

在螺旋藻中,钝顶螺旋藻的蛋白质含量、藻蓝蛋白含量最高,SOD 活性高,可溶性蛋白质含量高。具有提高机体免疫力、促进肠胃蠕动、补充机体的常规元素和微量元素的功能。其含有的藻蓝蛋白为蓝色粉末,是一种天然的食用色素,可溶于水,不溶于油脂和醇类,具有抗癌、促进细胞再生的功能,可作为高级天然色素。

3)杜氏盐藻

杜氏盐藻(见图 4-15)是一种嗜盐的绿色微藻,属绿藻纲团藻目,常见于海盐田,在高盐环境中变成红色,会把湖水染成红色或粉红色。盐藻是迄今为止发现的最耐盐的真核生物之一,也是生命体最早的雏形,长不超过 15 μm,宽约 10 μm,只有在显微镜下才能看到,具有动植物双重特性,逐光、耐强酸强碱、耐高寒(-27 ℃)和酷热(+53 ℃)。

杜氏盐藻是单细胞的浮游植物,其藻体为卵圆形、椭圆形或梨形,长 18~28 μm,宽 9.5~14 μm,运动时体形有变化,在不同的盐度、光照、温度等环境下形态变化较大。杜氏盐藻没有纤维质的细胞壁,其蛋白核及淀粉粒也随环境不同而产生变化,因此其外形随环境变化而改变。杜氏盐藻细胞前段一般呈凹陷状,在凹陷处有

2 条等长的鞭毛,鞭毛比细胞长约 1/3,藻体内有一杯状色素体,含有叶绿素和类胡萝卜素(以 β-胡萝卜素为主)。杜氏盐藻最突出的特点是含有大量的 β-胡萝卜素,其含量要比胡萝卜及水果中的β-胡萝卜素的含量高出很多倍。

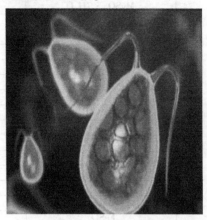

图 4-15 杜氏盐藻

本次试验中的蛋白核小球藻、钝顶螺旋藻、杜氏盐藻均来源于中国科学院水生生物研究所淡水藻种库。微藻藻种培养在光照培养箱(MGC-350,郑州,中国)内进行,温度为(25±1)℃,光暗比12:12。初次接种,在装有约 20 mL 培养基的 100 mL 三角瓶中接种 5 mL 藻种,弱光照下培养,并随着藻种细胞密度的增加逐步提高光照强度。培养藻种的整个过程需要无菌操作,培养和转接所需的试验工具需经高温高压灭菌后使用,在超净工作台内完成藻种转接。

2.培养基

本次试验中的蛋白核小球藻、钝顶螺旋藻、杜氏盐藻分别选用BG11 培养基、CFTRI 培养基和 F/2 培养基。试验所用藻种培养基成分见表 4-1。

表 4-1 试验所用藻种培养基成分

名称	成分	含量
BG11	$NaNO_3$	1 500 mg/L
	K_2HPO_4	40 mg/L
	$MgSO_4 \cdot 7H_2O$	75 mg/L
	$CaCl_2 \cdot 2H_2O$	36 mg/L
	柠檬酸	6 mg/L
	柠檬酸铁胺	6 mg/L
	$EDTANa_2$	1 mg/L
	Na_2CO_3	20 mg/L
	A5	1 mL/L
CFTRI	$NaHCO_3$	4 500 mg/L
	$NaNO_3$	1 500 mg/L
	K_2HPO_4	500 mg/L
	K_2SO_4	1 000 mg/L
	NaCl	1 000 mg/L
	$MgSO_4$	200 mg/L
	$CaCl_2$	40 mg/L
	$FeSO_4$	10 mg/L
	M7	1 mL/L
F/2	$NaNO_3$	75 mg/L
	$Na_2HPO_4 \cdot 2H_2O$	5. 62 mg/L
	$Na_2SiO_3 \cdot 9H_2O$	30 mg/L
	$EDTANa_2$	4. 36 mg/L
	$MnCl_2 \cdot 2H_2O$	0. 18 mg/L
	维生素 B_1	0. 1 mg/L
	$FeCl_3 \cdot 6H_2O$	3. 15 mg/L
	$CuSO_4 \cdot 5H_2O$	0. 098 mg/L
	$ZnSO_4 \cdot 7H_2O$	0. 022 mg/L
	$CoCl_2 \cdot 6H_2O$	0. 01 mg/L
	维生素 B_{12}	0. 05 mg/L
	维生素 H	0. 05 mg/L

注:A5 溶液:100 mL 蒸馏水中含 286 mg H_3BO_3、186 mg $MnCl_2 \cdot 4H_2O$、22 mg $ZnSO_4 \cdot 7H_2O$、8 mg $CuSO_4 \cdot 5H_2O$、3. 9 mg $Na_2MoO_4 \cdot 2H_2O$、5 mg $Co(NO_3)_2 \cdot 6H_2O$;M7 溶液:100 mL 蒸馏水中含 200 mg H_3BO_3、150 mg $MnCl_2 \cdot 7H_2O$、20 mg $ZnSO_4 \cdot 7H_2O$、5 mg $CuSO_4 \cdot 7H_2O$、440 mg $Co(NO_3) \cdot 6H_2O$。

4.2.1.2 试验仪器

UV5200PC 系列紫外可见分光光度计,SW-CJ-2FD 超净工作台,TG18.5 高速离心机,MGC-350 光照培养箱,DHG-2150 高温鼓风干燥箱,LDZF-50L 高压灭菌器,YSI Professional 水质分析仪、DR1900 野外水质检测分析仪、BX53 荧光显微镜、Phyto-PAMII 浮游植物荧光仪、GY-FYQ-1688-ZZ 柱状光生物反应器等。

4.2.1.3 试验方法

1.藻种培养

将选取的蛋白核小球藻、钝顶螺旋藻、杜氏盐藻 3 种微藻在对应的培养基中进行扩培,当微藻 680 nm 处的光密度值(OD680 nm)为 0.9 左右时,8 000 r/min 离心 5 min,收集微藻细胞。将藻细胞接种于灭菌的培养基进行培养,接种比例为 1:10。

2.培养条件

将接种好的微藻放置于设定的温度(低温 15 ℃、中温 25 ℃、高温 35 ℃)及光照条件(低光照 1 000 lx、中光照 3 000 lx、高光照 9 000 lx),光暗比为 12:12。培养期间,每天摇动 3 次。每 2 d 测定 1 次藻细胞生长状况。

3.微藻生物质产率

微藻的生物量(干重)通过烘干法测定,取 10 mL 藻液,经预先干燥并称重的 0.45 μm 混合纤维素滤膜过滤,用蒸馏水清洗 2 次,然后在 105 ℃下烘至恒重。待冷却至室温后,用分析天平称量,根据下述公式计算微藻生物质产率 p:

$$p = (W_1 - W_2)/(t_2 - t_1)$$

式中:p 为微藻生物质产率,mg/(L·d);t_1、t_2 为对应的培养时间;W_1、W_2 分别为 t_1、t_2 时期藻液的干重。

4.微藻相对生长速率

微藻的藻细胞密度与其在 680 nm 处光密度值呈线性相关,因此可以通过测定藻液在 680 nm 处的光密度值代表藻细胞密度。

根据下述公式可以计算微藻接种后的相对生长速率 k:

$$k = (\ln N_2 - \ln N_1)/(t_2 - t_1)$$

式中: k 为相对生长速率, d^{-1}; t_1、t_2 为对应的培养时间; N_1、N_2 分别为 t_1、t_2 时期藻液的光密度值。

4.2.1.4　统计分析

每组试验数据均进行 3 次重复, 平均样品间的相对误差均小于 10%, 数据统计分析在 SPSS22.0 中进行。

4.2.2　典型微藻生长特性研究

4.2.2.1　不同生长因子的影响

1. 蛋白核小球藻

1) 不同温度培养条件

在低光照(1 000 lx)、中光照(3 000 lx)和高光照(9 000 lx)条件下, 分析不同温度(15 ℃、25 ℃、35 ℃)处理下小球藻的生长状况。每组微藻试验均进行了 24 d 培养监测, 在培养过程中出现藻细胞结块、沉底、发黄等衰亡现象时, 则视为培养终止; 为了保证数据的合理性和准确性, 微藻生长监测数据的统计以培养起点(Day2)至培养终止日期。如图 4-16 所示, 在低光照条件下, 不同温度处理下小球藻在前 16 d 均保持较好生长活性, 在第 18 天后 35 ℃处理组小球藻开始衰亡和结块, 15 ℃和 25 ℃处理组小球藻在第 22 天后生长出现衰退。在中光照条件下, 25 ℃处理组小球藻一直保持较高活性, 在第 18 天后观测到开始出现结块和明显沉底现象; 15 ℃处理组小球藻一直保持增长状况, 生物量小于 25 ℃处理组; 35 ℃处理组小球藻在前 10 d 保持一个速度增长, 在第 10 天后逐渐进入衰退期, 16 d 后出现明显结块和发黄现象。在高光照条件下, 3 种不同温度处理组在培养前 6 d 无显著差异, 25 ℃处理组在第 10 天后增长速率相对较快, 在第 18 天后开始出现结块现象; 15 ℃处理组在前 20 d 一直保持增长趋势, 在第 20 天开始出现结块;35 ℃处理组在第 6 天后进入生长抑制期,在第 16 天后开始出现结块和发黄现象。

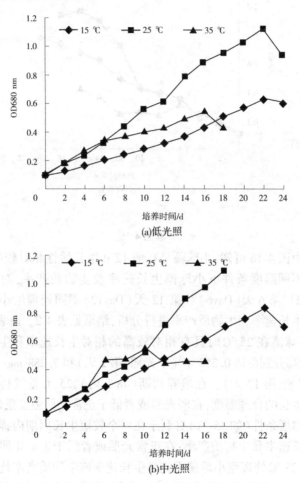

(a)低光照

(b)中光照

图 4-16　小球藻在不同温度培养条件下的生长状况

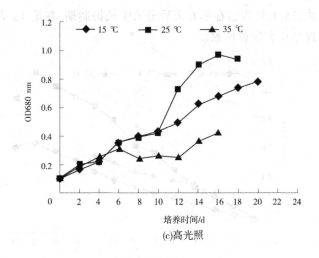

(c)高光照

续图 4-16

　　由图 4-16 可知,小球藻是在前 12 d 生长活性相对较好,为了比较不同温度条件下小球藻生长速率及生物质产率,对第 2 天(Day2)、第 6 天(Day6)和第 12 天(Day12)不同处理组小球藻的相对生长速率和生物质产率进行分析,结果见表 4-2。由表 4-2 可知,小球藻在 25 ℃时具有相对较高的相对生长速率和生物质产率,最高分别可达 0.352 d^{-1}(中光照,第 2 天)和 7.288 mg/(L·d)(高光照,第 12 天)。在培养初期(48 h 内),25 ℃是维持小球藻正常生长的合理温度;在弱光照或者低于正常光照强度条件下,较高的温度条件(如 35 ℃)有利于在一个较短生长周期内提高小球藻生长速率和生物质产率;在正常光照或者强于正常光照强度条件下,25 ℃处理组小球藻无论是生长速率或生物质产率均为最大值,生长速率随之逐渐降低,且生物质产率表现为先减少后增加的趋势。

表 4-2　小球藻在不同温度培养条件下的参数变化

培养条件		相对生长速率/d^{-1}			生物质产率/[mg/(L·d)]		
		Day2	Day6	Day12	Day2	Day6	Day12
低光照	15 ℃	0.123	0.119	0.098	1.960	2.442	2.602
	25 ℃	0.296	0.198	0.151	5.647	5.312	6.008
	35 ℃	0.279	0.207	0.121	5.227	5.724	3.846
中光照	15 ℃	0.215	0.177	0.131	3.757	4.433	4.464
	25 ℃	0.352	0.219	0.165	7.140	6.323	7.245
	35 ℃	0.336	0.259	0.126	6.720	8.696	4.095
高光照	15 ℃	0.253	0.207	0.132	4.620	5.748	4.503
	25 ℃	0.339	0.207	0.165	6.790	5.756	7.288
	35 ℃	0.299	0.188	0.076	5.717	4.892	1.738

2）不同光照培养条件

在低温（15 ℃）、中温（25 ℃）和高温（35 ℃）条件下，分析不同光照（1 000 lx、2 000 lx、3 000 lx）处理下小球藻的生长状况。由图 4-17 可知，在 15 ℃条件下，低光照、中光照和高光照处理组在培养 20 d 内均保持正增长，其中中光照和高光照处理组生物量增长速率接近，低光照小于其他两个处理组。在 25 ℃条件下，低光照、中光照和高光照处理组在培养 16 d 内均保持相近增长速率；培养 16 d 后，低光照处理组持续保持增长至 22 d，中光照处理组增长至 18 d 开始出现结团沉底现象，高光照处理组 16 d 后生长受到抑制，18 d 出现发黄现象。在 35 ℃条件下，低光照、中光照和高光照处理组增长速率均处于一个较低水平，其中低光照处理组持续增长至 16 d 后生长受到抑制；中光照处理组在第 10 天后受到抑制，在 16 d 出现结团现象；高光照处理组在第 6 天后生长受到抑制,随之出现先降低后增加的变化趋势,在第 16 天出现结块、沉底现象。

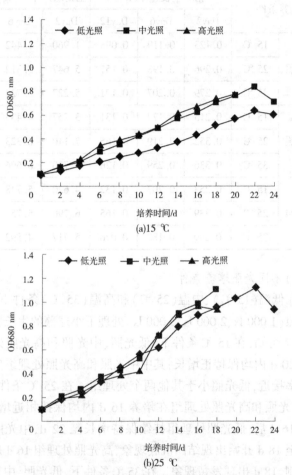

(a)15 ℃

(b)25 ℃

图 4-17　小球藻在不同光照培养条件下的生长状况

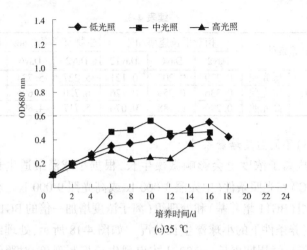

(c)35 ℃

续图 4-17

由表 4-3 可知,小球藻在中光照和高光照条件下具有相对较高的相对生长速率和生物质产率。其中,在 25 ℃条件下,中光照和高光照处理组相对生长速率和生物质产率接近;在低温(15 ℃)条件下,高光照处理组相对生长速率和生物质产率更高;在高温(35 ℃)条件下,中光照具有更高的生长活性。

表 4-3　小球藻在不同光照培养条件下的参数变化

培养条件		相对生长速率/d⁻¹			生物质产率/[mg/(L·d)]		
		Day2	Day6	Day12	Day2	Day6	Day12
15 ℃	低光照	0.123	0.119	0.098	1.960	2.442	2.602
	中光照	0.215	0.177	0.131	3.757	4.433	4.464
	高光照	0.253	0.207	0.132	4.620	5.748	4.503
25 ℃	低光照	0.296	0.198	0.151	5.647	5.312	6.008
	中光照	0.352	0.219	0.165	7.140	6.323	7.245
	高光照	0.339	0.207	0.165	6.790	5.756	7.288

续表 4-3

培养条件		相对生长速率/d⁻¹			生物质产率/[mg/(L·d)]		
		Day2	Day6	Day12	Day2	Day6	Day12
35 ℃	低光照	0.279	0.207	0.121	5.227	5.724	3.846
	中光照	0.336	0.259	0.126	6.720	8.696	4.095
	高光照	0.299	0.188	0.076	5.717	4.892	1.738

3)不同盐度培养条件

盐离子浓度也会影响微藻生长,根据小球藻最适生长温度(25 ℃)和光照条件(中光照 3 000 lx 或高光照 9 000 lx),分析了对照组(BG11 培养基)和处理组(离子浓度增加一倍的 BG11 培养基)培养条件下的小球藻生长状况。如图 4-18 所示,处理组小球藻生长持续周期更长,在 22 d 才出现生长抑制现象;对照组小球藻在 18 d 就可见明显的结块现象,但是处理组相对生长速率和生物质产率均小于对照组(见表 4-4)。换言之,增加培养基离子浓度有助于维持小球藻更高生长周期,但是会降低小球藻相对生长速率和生物质产率;随着培养时间延长,增加盐离子浓度的处理组小球藻总生物量会超过对照组。

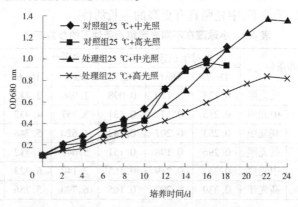

图 4-18　小球藻在不同盐度培养条件下的生长状况

表4-4 小球藻在不同盐度培养条件下的参数变化

培养条件		相对生长速率/d^{-1}			生物质产率/ [mg/(L·d)]		
		Day2	Day6	Day12	Day2	Day6	Day12
对照组	25℃+中光照	0.352	0.219	0.165	7.140	6.323	7.245
	25℃+高光照	0.339	0.207	0.165	6.790	5.756	7.288
处理组	25℃+中光照	0.234	0.177	0.144	4.177	4.410	5.409
	25℃+高光照	0.201	0.147	0.120	3.453	3.298	3.784

2. 钝顶螺旋藻

1) 不同温度培养条件

螺旋藻培养条件设置同小球藻,如图4-19所示,在低光照(1 000 lx)条件下,不同温度处理下螺旋藻在前20 d均保持较好的生长活性,15℃处理组在第20天出现结块沉底现象;在第22天后25℃和35℃处理组螺旋藻均出现生长抑制。在中光照(3 000 lx)条件下,3种温度处理组螺旋藻均保持一个较高生长速率和活性,在22 d后才出现生长抑制。在高光照(9 000 lx)条件下,3种不同温度处理组螺旋藻均保持一个较高的增长速率,35℃处理组在16 d出现生长抑制,并在20 d发现结块沉底现象;15℃和25℃处理组直到22 d出现生长抑制。根据螺旋藻12 d内生长状况参数统计结果(见表4-5),高光照条件下,25℃和35℃处理组相对生长速率和生物质产率均高于中光照条件下的相应处理组,其中相对生长速率25℃、35℃处理组最高分别为0.260 d^{-1}和0.303 d^{-1},生物质产率最高分别为20.036 mg/(L·d)和21.593 mg/(L·d)(高光照,第12天)。

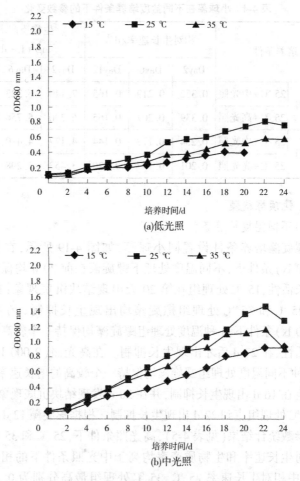

(a)低光照

(b)中光照

图 4-19　螺旋藻在不同温度培养条件下的生长状况

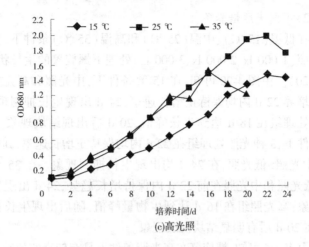

(c)高光照

续图 4-19

表 4-5　螺旋藻在不同温度培养条件下的参数变化

培养条件		相对生长速率/d⁻¹			生物质产率/[mg/(L·d)]		
		Day2	Day6	Day12	Day2	Day6	Day12
低光照	15 ℃	0.016	0.116	0.081	0.399	4.017	3.252
	25 ℃	0.066	0.157	0.139	1.676	6.264	8.565
	35 ℃	0.090	0.122	0.110	2.354	4.283	5.473
中光照	15 ℃	0.080	0.175	0.131	2.075	7.395	7.648
	25 ℃	0.159	0.226	0.174	4.469	11.491	14.012
	35 ℃	0.189	0.227	0.161	5.506	11.611	11.761
高光照	15 ℃	0.087	0.173	0.156	2.274	7.262	10.966
	25 ℃	0.199	0.260	0.200	5.865	14.949	20.036
	35 ℃	0.303	0.270	0.206	9.975	16.160	21.593

2) 不同光照培养条件

在低温(15 ℃)、中温(25 ℃)和高温(35 ℃)条件下,分析不同光照(1 000 lx、2 000 lx、3 000 lx)处理下螺旋藻的生长状况(见图 4-20)。由图 4-20 可知,在 15 ℃条件下,中光照和高光照处理组在培养 22 d 内均保持正增长速率,24 d 出现生长抑制现象;低光照处理组在 18 d 达到生长峰值,20 d 后出现结块现象。在 25 ℃条件下,3 种光照处理组在 22 d 内均保持正增长速率,其中高光照>中光照>低光照,在 24 d 均出现生长抑制现象。在 35 ℃条件下,低光照和中光照在前 22 d 内保持增长趋势,24 d 出现生长抑制现象;高光照组在 16 d 达到生物量峰值,随后出现生长抑制现象,在 20 d 后有明显结块沉底现象。

由表 4-6 可知,螺旋藻在高光照条件下具有较高的相对生长速率和生物质产率。其中,12 d 培养周期内高光照处理组相对生长速率和生物质产率最高可达到 0.206 d^{-1} 和 21.593 mg/(L·d)。

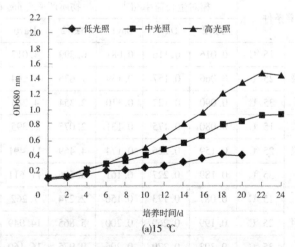

图 4-20　螺旋藻在不同光照培养条件下的生长状况

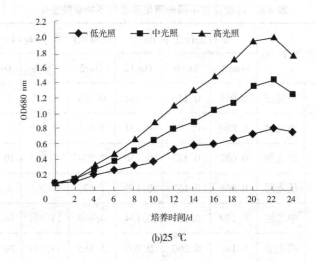

(b)25 ℃

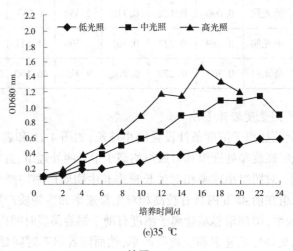

(c)35 ℃

续图 4-20

表 4-6　螺旋藻在不同光照培养条件下的参数变化

培养条件		相对生长速率/d⁻¹			生物质产率/[mg/(L·d)]		
		Day2	Day6	Day12	Day2	Day6	Day12
15 ℃	低光照	0.016	0.116	0.081	0.399	4.017	3.252
	中光照	0.080	0.175	0.131	2.075	7.395	7.648
	高光照	0.087	0.173	0.156	2.274	7.262	10.966
25 ℃	低光照	0.066	0.157	0.139	1.676	6.264	8.565
	中光照	0.159	0.226	0.174	4.469	11.491	14.012
	高光照	0.199	0.260	0.200	5.865	14.949	20.036
35 ℃	低光照	0.090	0.122	0.110	2.354	4.283	5.473
	中光照	0.189	0.227	0.161	5.506	11.611	11.761
	高光照	0.303	0.270	0.206	9.975	16.160	21.593

3) 不同盐度培养条件

螺旋藻盐离子浓度条件设置同小球藻,如图 4-21 和表 4-7 所示,高光照螺旋藻处理组和对照组均高于中光照处理组,且在高光照条件下,对照组小球藻相对生长速率和生物质产率均高于处理组,处理组在前 48 h 内具有较高相对生长速率和生物质产率。研究结果表明,增加培养基盐离子浓度有助于螺旋藻短时间内(48 h 内)获取更高生长速率和生物质产率,然而随着培养时间延长,在培养 6 d、12 d 甚至 24 d,增加盐离子浓度的处理组螺旋藻相对生长速率和生物质产率均低于对照组。

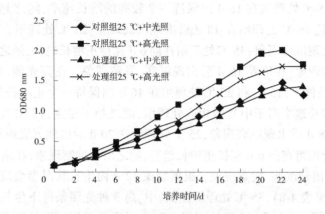

图 4-21 螺旋藻在不同盐度培养条件下的生长状况

表 4-7 螺旋藻在不同盐度培养条件下的参数变化

培养条件		相对生长速率/d^{-1}			生物质产率/[mg/(L·d)]		
		Day2	Day6	Day12	Day2	Day6	Day12
对照组	25 ℃+中光照	0.159	0.226	0.174	4.469	11.491	14.012
	25 ℃+高光照	0.199	0.260	0.200	5.865	14.949	20.036
处理组	25 ℃+中光照	0.284	0.220	0.159	9.137	10.959	11.518
	25 ℃+高光照	0.342	0.230	0.178	11.731	11.904	14.849

3. 杜氏盐藻

1) 不同温度培养条件

盐藻培养条件设置同小球藻、螺旋藻,如图 4-22 所示,在低光照(1 000 lx)条件下,15 ℃和 35 ℃处理组在培养 6 d 后均出现明显的生长抑制现象,并且 15 ℃和 35 ℃处理组分别在 18 d、16 d 后出现沉底现象;25 ℃处理组在前 16 d 保持一个正增长趋势,在 18 d 后出现结块沉底、发黄现象。在中光照(3 000 lx)条件下,15 ℃

和25 ℃处理组在16 d内保持一个较高的增长速率,随之趋于稳定,且15 ℃处理组在18 d后出现沉底现象,25 ℃处理组在20 d后出现沉底现象;35 ℃处理组在前6 d保持正增长趋势,随之出现抑制现象,在培养16 d后出现沉底、发黄现象。在高光照(9 000 lx)条件下,15 ℃和25 ℃处理组在16 d内保持一个正增长趋势,且增长速率高于中光照相应处理组,随之趋于稳定;15 ℃处理组在18 d后出现沉底现象,25 ℃处理组在20 d后出现沉底现象;35 ℃处理组在前6 d保持正增长趋势,随之出现抑制现象,在培养16 d后出现沉底、发黄现象。根据盐藻12 d内生长状况参数统计结果(见表4-8),35 ℃处理组在低、中、高3种光照条件下生长活性均较低,15 ℃和25 ℃处理组在高光照培养下相对生长速率和生物质产率取得最大值,其中相对生长速率在15 ℃、25 ℃处理组最高分别为0.165 d^{-1}和0.206 d^{-1},生物质产率最高分别为23.294 mg/(L·d)和28.486 mg/(L·d)。

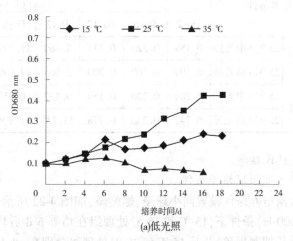

图 4-22　盐藻在不同温度培养条件下的生长状况

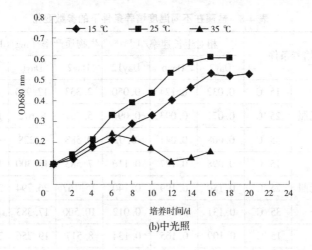

(b)中光照

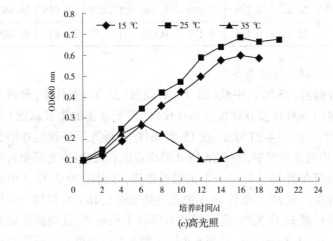

(c)高光照

续图 4-22

表 4-8　盐藻在不同温度培养条件下的参数变化

培养条件		相对生长速率/d^{-1}			生物质产率/[mg/(L·d)]		
		Day2	Day6	Day12	Day2	Day6	Day12
低光照	15 ℃	0.032	0.124	0.050	2.333	12.950	4.803
	25 ℃	0.071	0.093	0.096	5.367	8.672	12.561
	35 ℃	0.008	0.041	-0.022	0.583	3.228	-1.342
中光照	15 ℃	0.098	0.127	0.116	7.583	13.300	17.617
	25 ℃	0.180	0.199	0.140	15.167	26.794	25.297
	35 ℃	0.131	0.152	0.012	10.500	17.383	0.875
高光照	15 ℃	0.109	0.165	0.134	8.517	19.756	23.294
	25 ℃	0.206	0.206	0.148	17.850	28.428	28.486
	35 ℃	0.165	0.171	0.004	13.650	20.883	0.292

2) 不同光照培养条件

在低温(15 ℃)、中温(25 ℃)和高温(35 ℃)条件下,分析不同光照(1 000 lx、2 000 lx、3 000 lx)处理下盐藻的生长状况(见图 4-23)。由图 4-23 可知,在 15 ℃条件下,低光照处理组在培养 6 d 后出现生长抑制,并且在 18 d 后出现沉底现象;中光照和高光照处理组在前 16 d 保持一个正增长趋势,分别在 20 d、18 d 出现沉底现象。在 25 ℃条件下,3 种光照处理组在 16 d 内保持一个较高的增长速率,中光照、高光照具有较高生长速率,且均高于低光照组。在 35 ℃条件下,培养 6 d 后 3 种光照处理组的盐藻均受到明显生长抑制,且均在 16 d 后出现沉底现象。

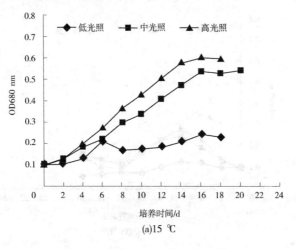

(a)15 ℃

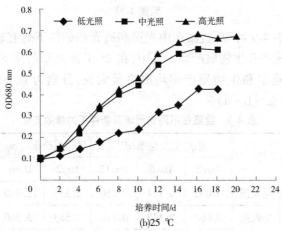

(b)25 ℃

图 4-23 盐藻在不同光照培养条件下的生长状况

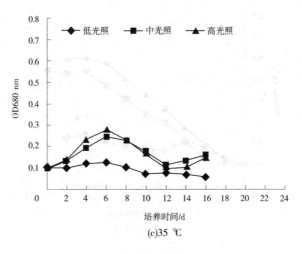

(c)35 ℃

续图 4-23

由表 4-9 可知,盐藻在中光照和高光照条件下具有较高的相对生长速率和生物质产率。其中,在 25 ℃高光照条件下,盐藻相对生长速率和生物质产率均取得最大值,分别为 0.206 d^{-1} 和 28.486 mg/(L · d)。

表 4-9　盐藻在不同光照培养条件下的参数变化

培养条件		相对生长速率/d^{-1}			生物质产率/[mg/(L · d)]		
		Day2	Day6	Day12	Day2	Day6	Day12
15 ℃	低光照	0.032	0.124	0.050	2.333	12.950	4.803
	中光照	0.098	0.127	0.116	7.583	13.300	17.617
	高光照	0.109	0.165	0.134	8.517	19.756	23.294
25 ℃	低光照	0.071	0.093	0.096	5.367	8.672	12.561
	中光照	0.180	0.199	0.140	15.167	26.794	25.297
	高光照	0.206	0.206	0.148	17.850	28.428	28.486

续表 4-9

培养条件		相对生长速率/d⁻¹			生物质产率/[mg/(L · d)]		
		Day2	Day6	Day12	Day2	Day6	Day12
35 ℃	低光照	0.008	0.041	-0.022	0.583	3.228	-1.342
	中光照	0.131	0.152	0.012	10.500	17.383	0.875
	高光照	0.165	0.171	0.004	13.650	20.883	0.292

3) 不同盐度培养条件

盐藻盐离子浓度条件设置同小球藻、螺旋藻,如图 4-24 和表 4-10 所示,高光照盐藻处理组和对照组均略高于中光照处理组,且在高光照条件下,对照组和处理组盐藻相对生长速率和生物质产率较为接近,即盐离子浓度增加不会明显改变盐藻相对生长速率和生物质产率。

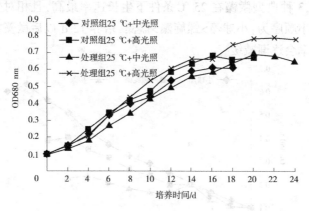

图 4-24　盐藻在不同盐度培养条件下的生长状况

表 4-10　盐藻在不同盐度培养条件下的参数变化

培养条件		相对生长速率/d^{-1}			生物质产率/ [mg/(L·d)]		
		Day2	Day6	Day12	Day2	Day6	Day12
对照组	25 ℃+中光照	0.180	0.199	0.140	15.167	26.794	25.297
	25 ℃+高光照	0.206	0.206	0.148	17.850	28.428	28.486
处理组	25 ℃+中光照	0.149	0.166	0.133	12.133	19.911	23.100
	25 ℃+高光照	0.182	0.201	0.150	15.400	27.222	29.536

4.2.2.2　不同微藻藻种的影响

1.光照条件的影响

1)低光照培养条件

选取 3 种典型微藻,在低光照(1 000 lx)条件下,分析不同温度(15 ℃、25 ℃、35 ℃)处理的生长影响(见图 4-25)。研究结果显示,3 种典型微藻在 25 ℃条件下生长速率最高,且相对生长速率大小顺序为:小球藻>螺旋藻>盐藻,培养 12 d 以后微藻相对生长速率会逐渐减缓。

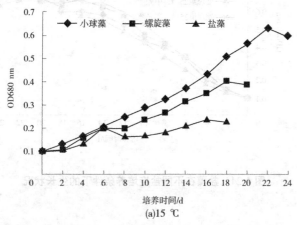

(a)15 ℃

图 4-25　3 种典型微藻在低光照培养条件下的生长情况

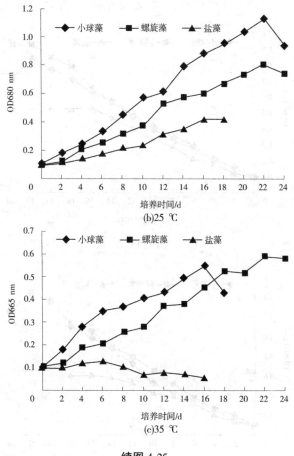

续图 4-25

2) 中光照培养条件

3 种典型微藻在中光照(3 000 lx)条件下,分析不同温度(15 ℃、25 ℃、35 ℃)处理的生长影响(见图 4-26)。研究结果显示,3 种典型微藻在 25 ℃条件下相对生长速率最高,且小球藻、螺旋藻生长速率略高于盐藻,14 d 以后微藻相对生长速率逐渐减缓。

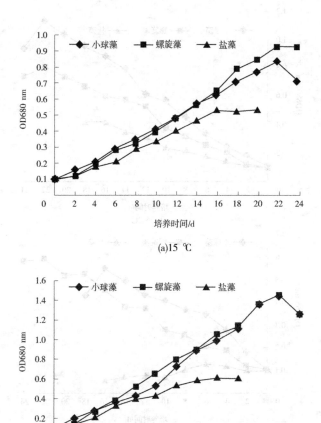

(a)15 ℃

(b)25 ℃

图 4-26　3 种典型微藻在中光照培养条件下的生长情况

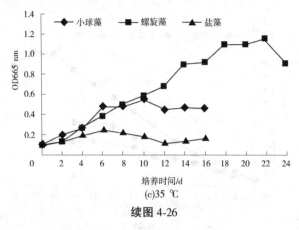

(c)35 ℃

续图 4-26

3) 高光照培养条件

3 种典型微藻在高光照(9 000 lx)条件下,分析不同温度(15 ℃、25 ℃、35 ℃)处理的生长影响(见图 4-27)。研究结果显示,25 ℃条件下相对生长速率最高,且螺旋藻生长速率高于小球藻、盐藻;螺旋藻在培养 18 d 以后相对生长速率会逐渐减缓,其他微藻在培养 12 d 以后相对生长速率逐渐减缓。

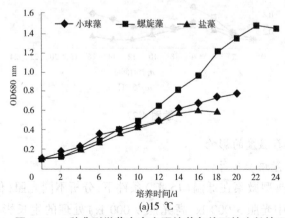

(a)15 ℃

图 4-27　3 种典型微藻在高光照培养条件下的生长情况

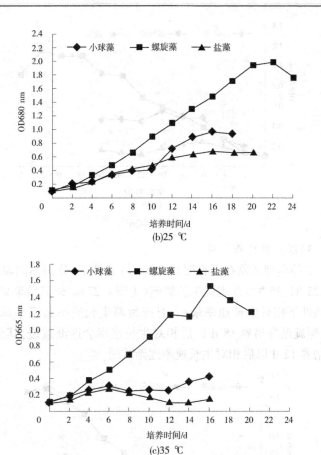

(b)25 ℃

(c)35 ℃

续图 4-27

2. 培养温度的影响

1)低温培养条件

3 种典型微藻在低温(15 ℃)条件下,分析不同光照(低光照 1 000 lx、中光照 3 000 lx、高光照 9 000 lx)处理的生长影响(见图 4-28)。研究结果显示,3 种典型微藻在高光照处理时相对生长速率最高,且培养前 8 d 3 种微藻相对生长速率差距不明显;3 种典型微藻在中光照生长时间最长,且生长持续时间长短为螺旋藻>小球藻>盐藻。

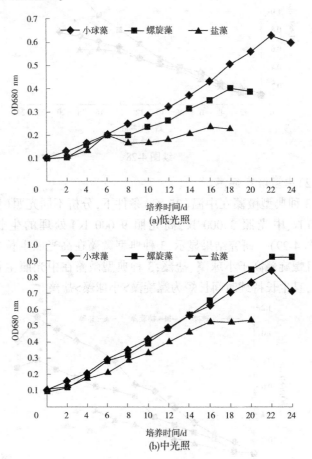

图 4-28　3 种典型微藻在低温培养条件下的生长情况

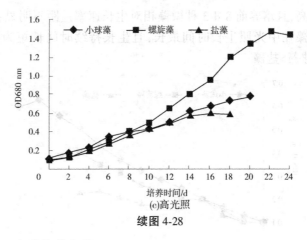

(c)高光照

续图 4-28

2)中温培养条件

3 种典型微藻在中温(25 ℃)条件下,分析不同光照(低光照 1 000 lx、中光照 3 000 lx、高光照 9 000 lx)处理的生长影响(见图 4-29)。研究结果显示,3 种典型微藻在高光照生长速率最高,且螺旋藻高于小球藻、盐藻;3 种典型微藻在中光照生长时间最长,且生长持续时间长短为螺旋藻>小球藻>盐藻。

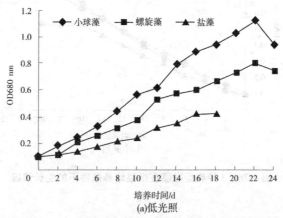

(a)低光照

图 4-29 3 种典型微藻在中温培养条件下的生长情况

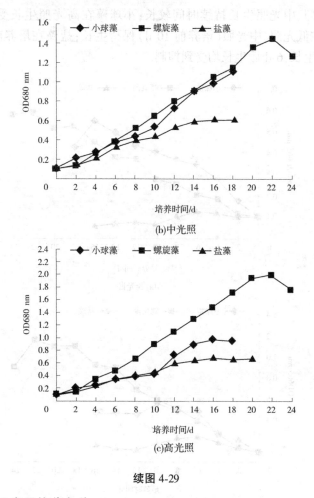

(b)中光照

(c)高光照

续图 4-29

3)高温培养条件

3 种典型微藻在高温(35 ℃)条件下,分析不同光照(低光照 1 000 lx、中光照 3 000 lx、高光照 9 000 lx)处理的生长影响(见图 4-30)。研究结果显示,螺旋藻在高光照生长速率最高,在低光照、中光照生长持续时间较长;小球藻在高光照生长受到限制,在低光照、中光照(培养前 10 d)保持生长;盐藻在培养前 6 d 保持生长,6 d 后生长均受到抑制。

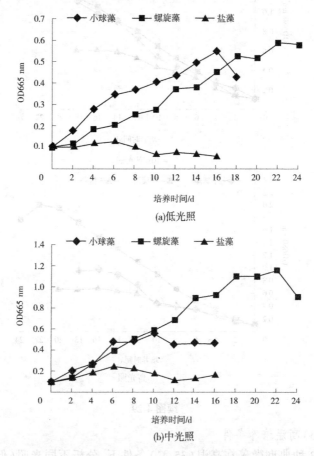

(a)低光照

(b)中光照

图 4-30　3 种典型微藻在高温培养条件下的生长情况

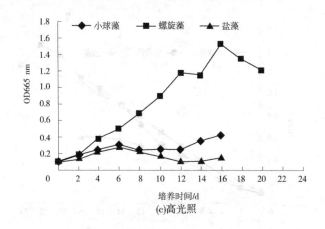

(c)高光照

续图 4-30

3. 盐离子浓度的影响

根据前文研究可知,3 种典型微藻最适宜培养温度为 25 ℃,在高光照条件下短时间内微藻相对生长速率较高,但是中光照处理条件下微藻生长持续时间更久。为了针对性地分析盐离子浓度变化对典型微藻生长的影响,分析在 25 ℃条件下,中光照和高光照两组处理的影响,并设置对照组和处理组(盐离子浓度减半)进行试验(见图 4-31、图 4-32),培养时间为 24 d,未展示统计结果为藻类已衰亡。研究结果表明,中光照条件下,对照组在前 14 d 生长速率和生物量明显高于处理组,且盐藻在培养 16 d 处理组生长速率和生物量高于对照组;高光照条件下,小球藻、盐藻生长速率和生物量高于对照组,且处理组生长持续时间高于对照组,螺旋藻正常处理组生长速率高于对照组,且在培养 22 d 后均开始衰退。

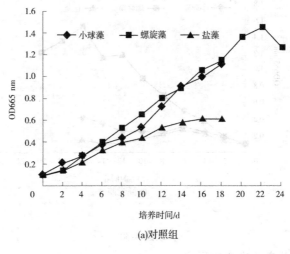

(a)对照组

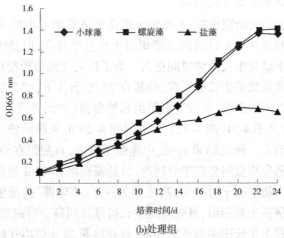

(b)处理组

图 4-31　3 种典型微藻在不同盐度下的生长情况(中光照)

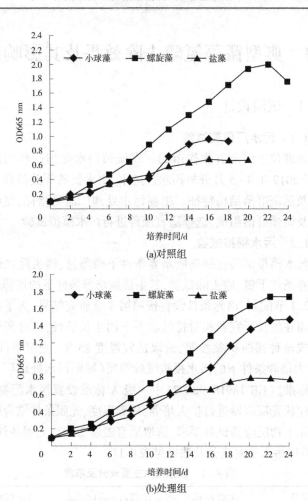

(a)对照组

(b)处理组

图 4-32　3 种典型微藻在不同盐度下的生长情况(高光照)

4.3　典型微藻氮磷去除效果及其影响因素

4.3.1　试验设计

4.3.1.1　污水厂监测试验

选取位于河南省焦作市的一座城镇污水处理厂作为试验对象,于2019年4~5月分析污水厂进水、出水氮磷等关键营养指标浓度及微藻群落结构特征。根据污水处理厂监测指标、氮磷去除效率及微藻群落组成,选择适宜藻种进行污水模拟试验。

4.3.1.2　污水模拟试验

污水模拟试验包括摇瓶培养条件下微藻氮、磷去除试验和扩大培养条件下氮、磷去除试验,其中摇瓶培养条件下的培养基参照4.2.2.1节配制,培养条件设置按照第3章研究结果,为了充分研究微藻在生长适宜和相对持续状态下的生长活性,结合研究结果和模式藻种摇瓶试验参照,选取适宜温度25 ℃,光照条件3 000 lx;扩大培养条件下的污水模拟试验参照《城镇污水处理厂污染物排放标准》(GB 18918—2002)中一级A标准设置污水配制条件,通过柱状光反应器进行扩大培养,培养温度、光照条件结合研究结果和光生物反应器试验要求,选取适宜温度25 ℃,光照条件9 000 lx。模拟污水主要成分及浓度见表4-11。

表4-11　模拟污水主要成分及浓度

序号	主要指标	浓度/(mg/L)	出水标准
1	TN	15	一级A标准
2	TP	0.5	一级A标准
3	NH_4^+-N	5	一级A标准
4	NO_3^--N	10	一级A标准
5	COD	50	一级A标准

4.3.1.3 氮、磷去除效率分析

微藻藻种培养(接种)、培养条件设置、微藻生物量及生长速率测定方法参照4.2.1.3节。微藻污水处理试验中总氮(TN)、总磷(TP)、氨氮(NH_4^+-N)、硝酸盐(NO_3^--N)等水质指标测定均采用国家环境保护总局颁布的标准方法(国家环境保护总局《水和废水监测分析方法》编委会,2002)。其中,总氮采用 HJ 636—2012 碱性过硫酸钾消解紫外分光光度法,总磷采用 HJ 535—2009 钼酸铵分光光度法,氨氮采用 GB 7479—1987 纳氏试剂比色法,硝态氮采用《水和废水监测分析方法》(第四版)紫外分光光度法。各水质指标去除率(r)根据以下公式计算:

$$r = (C_0 - C_t)/C_0 \times 100\%$$

式中:C_0 为初始总氮、总磷等浓度,mg/L;C_t 为培养 t 天后的浓度,mg/L。

4.3.2 污水处理厂氮、磷去除试验分析

4.3.2.1 氮、磷去除效率

试验某污水处理厂氮、磷浓度如图 4-33 所示,其中进水 TN 浓度变化范围为 63.3~89.7 mg/L,平均浓度为 78.8 mg/L;出水 TN 浓度变化范围为 10.4~14.5 mg/L,平均浓度为 12.3 mg/L。进水 TP 浓度变化范围为 5.06~10.47 mg/L,平均浓度为 6.46 mg/L;出水 TP 浓度变化范围为 0.22~0.45 mg/L,平均浓度为 0.33 mg/L。试验污水处理厂氮、磷污水处理浓度相对稳定,其中 TN 去除率平均为 84.3%,TP 去除率为 94.8%,氮、磷去除率如图 4-34 所示。按照《城镇污水处理厂污染物排放标准》(GB 18918—2002),试验污水处理厂 TN、TP 出水浓度达到一级 A 标准。

4.3.2.2 污水厂微藻组成

由上述结果可知,选取试验某污水处理厂进水、出水氮、磷浓度及理化性质较为稳定,进水 pH 变化范围为 7.59~7.89,出水 pH 变化范围为 7.47~7.92,处于弱碱性环境,适宜于大部分微藻

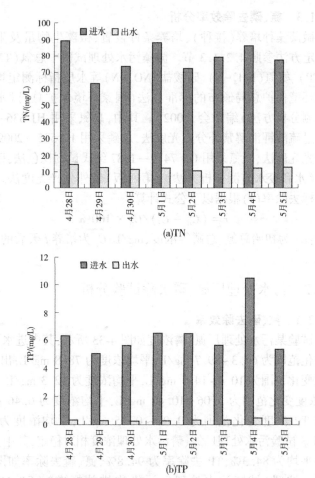

图 4-33　试验污水处理厂进水和出水氮、磷浓度

生活环境。本次试验周期于 4 月底至 5 月初,室内温度环境介于 15~25 ℃,满足微藻生活条件。试验污水处理厂通过出水微藻过滤或微藻捕捞,可以有效去除微藻及其吸附的氮、磷营养物质。通过持续一周监测分析,微藻进水数量为 12.2×10⁴ cells/L,出水数

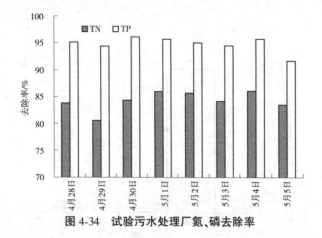

图 4-34 试验污水处理厂氮、磷去除率

量为 7.8×10⁴ cells/L,数量减少 36.07%;微藻进水生物量为 0.197 mg/L,出水生物量为 0.005 mg/L,生物量减少 97.5%(见图 4-35)。按照群落组成来分,进水主要微藻为肘状针杆藻、异极藻和菱形藻,出水主要微藻为小颤藻、栅藻和小球藻,即通过试验研究小球藻等典型微藻可以在污水处理厂出水条件下仍然保持较高活性和生物量,满足污水处理厂尾水处理需求。

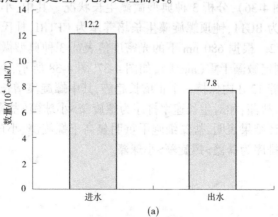

(a)

图 4-35 试验污水处理厂微藻数量与生物量

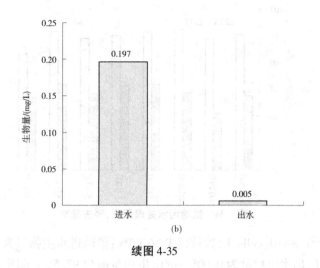

(b)

续图 4-35

4.3.3　摇瓶培养条件下微藻氮、磷污水处理效率分析

4.3.3.1　生长状况

分析 3 种典型微藻在最适温度和光照条件下进行摇瓶培养试验(见图 4-36),分析 3 种典型微藻生长状况。其中,小球藻生长培养基为 BG11,钝顶螺旋藻生长培养基为 CFTRI,杜氏盐藻培养基为 F/2。根据 680 nm 下的光密度值表征 3 种典型微藻生长状况,并测定微藻干重(mg/L),如图 4-37、图 4-38 所示,3 种典型微藻在培养 12 d 内保持一个正增长趋势,其中螺旋藻增长速率高于小球藻、盐藻,相对生长速率排序为螺旋藻>小球藻>盐藻;藻细胞干重统计结果表明,盐藻细胞干重明显高于螺旋藻、小球藻,生物质产率排序为盐藻>螺旋藻>小球藻。

图 4-36　3 种典型微藻摇瓶培养试验

(d)

续图 4-36

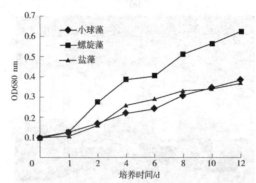

图 4-37　3 种典型微藻在理想培养条件下的生长状况

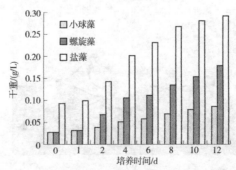

图 4-38　3 种典型微藻在理想培养条件下细胞干重变化

3 种典型微藻随着培养时间亦存在相异变化趋势,具体而言,3 种典型微藻在培养 24 h 内处于一个调整适应期,此时相对生长速率与生物质产率均处于较低水平;在培养第 2 天至第 4 天,3 种典型微藻相对生长速率与生物质产率均处于最大值,此时微藻适应外部环境与营养条件,能够较快生长繁殖,此阶段螺旋藻相对生长速率高于小球藻和盐藻;在培养第 4 天至第 8 天为生长调整期,此阶段随着营养物质被大量消耗,藻类生长速率受到一定程度抑制,另外,藻类生物量不断增加,生物质仍然不断累积;在培养第 8 天至第 12 天,微藻逐渐趋于一个动态平衡状态,此时藻类数量、生物量增加速率较慢,生长和衰亡速率趋于平衡。

4.3.3.2 去除率

3 种典型微藻最适宜培养温度为 25 ℃,室内培养条件下最适培养光照为 3 000 lx,最适培养基分别为 BG11(蛋白核小球藻)、CFTRI(钝顶螺旋藻)、F/2(杜氏盐藻)。本书研究分析最适生长环境条件下,3 种典型微藻氮、磷潜在去除能力。研究结果表明,杜氏盐藻对总氮、总磷去除率较高,在培养 12 d 后最高去除率分别可达到 90.9% 和 93.5%;小球藻在培养 8 d 后总氮和总磷去除率趋于稳定,最高去除率分别为 54.3% 和 54.5%;螺旋藻总氮和总磷去除效率均较低,其中总氮最高去除率为 8.6%,总磷最高去除率为 26.7%(见图 4-39)。

由于不同微藻培养基起始氮、磷浓度不同,为了更具体地比较不同微藻氮、磷吸收去除效率,分析不同培养时间氮、磷去除量的差异(见图 4-40)。具体而言,氮去除量:小球藻>螺旋藻 ≈ 盐藻,小球藻氮去除量最高可达 21.23 mg/(L·d),螺旋藻氮去除量最高为 6.77 mg/(L·d),盐藻氮去除量最高为 3.92 mg/(L·d)。磷去除量:螺旋藻>小球藻 ≈ 盐藻,小球藻磷去除量最高为 0.56 mg/(L·d),螺旋藻磷去除量最高为 4.86 mg/(L·d),盐藻磷去除量最高为 0.48 mg/(L·d)。

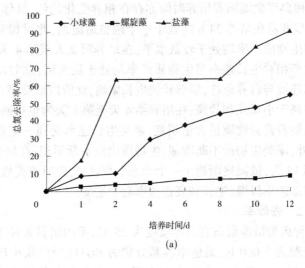

(a)

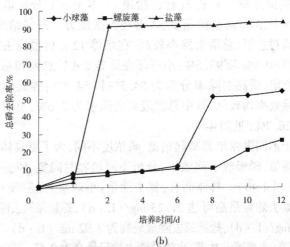

(b)

图 4-39　3 种典型微藻在摇瓶培养条件下总氮、总磷去除率

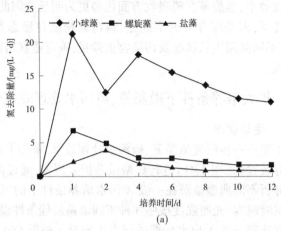

(a)

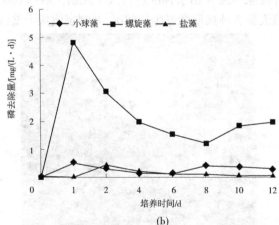

(b)

图 4-40　3 种典型微藻在摇瓶培养条件下氮、磷去除量

　　本次试验 3 种典型微藻培养基中,氮、磷均以硝酸盐和磷酸盐
形式存在,硝酸盐和磷酸盐是微藻可以直接吸收利用的氮、磷营养
形态。在起始培养基中,由于螺旋藻氮、磷营养浓度较高,从而表
现出较低的去除率;盐藻的起始氮、磷浓度较低,表现出较高的氮、
磷去除率。综合氮、磷实际去除量分析,小球藻在氮去除方面具有

较高吸收效率,螺旋藻在磷吸收方面优势更为明显。因此,在实际培养条件下,需要综合考虑不同氮、磷污染物赋存形态及浓度含量,比较不同微藻生长状况及污染物去除量,确定适宜培育藻种及生长环境。

4.3.4　扩大培养条件下微藻氮、磷污水处理效率分析

4.3.4.1　生长状况

为了更进一步研究微藻氮、磷污水处理效果,采用了光生物反应器培养装置(见图 4-41)进行典型微藻扩大培养,通过微宇宙培养试验分析不同典型微藻在一级 A 污水培养条件下的氮、磷处理效率。试验温度、光照强度按照 3 种不同微藻最佳条件设置,培养污水条件按照一级 A 出水标准进行人工配制。根据 680 nm 下的光密度值表征 3 种典型微藻生长状况,并测定微藻干重(mg/L)。

(a)

图 4-41　光生物反应器培养装置

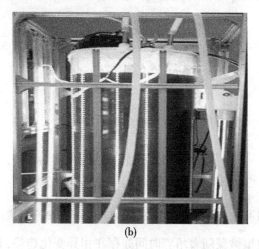

(b)

续图 4-41

　　如图 4-42、图 4-43 所示,3 种典型微藻在培养 8 d 内保持一个正增长趋势,其中盐藻增长速率高于螺旋藻、小球藻,相对生长速率排序为盐藻>螺旋藻>小球藻;藻细胞干重统计结果表明,盐藻细胞干重明显高于螺旋藻、小球藻,生物质产率排序为盐藻>螺旋藻>小球藻。

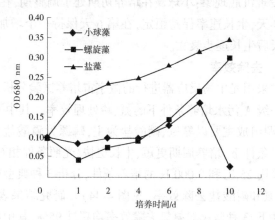

图 4-42　3 种典型微藻在扩大培养条件下的生长状况

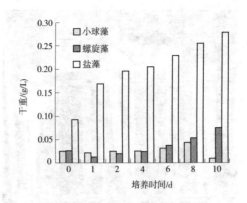

图 4-43　3 种典型微藻在扩大培养条件下细胞干重变化

3 种典型微藻随着培养时间亦存在相异变化趋势,具体而言,盐藻在培养 24 h 内具有一个最高生长速率,在培养第 2 天后保持一个稳定增长速率,在培养 10 d 出现发黄、沉底现象;螺旋藻在培养 24 h 内处于一个调整适应期,此时相对生长速率与生物质产率均处于较低水平,在培养第 2 天后保持一个较高增长速率,在培养 10 d 后发现沉底现象;小球藻在培养初期处于调整期,在培养第 1 天至第 4 天,生长速率保持恒定,在第 6 天保持一个增加趋势,随后第 8 天后生长逐步衰亡。

4.3.4.2　去除效率

通过采用光生物反应器进行的微宇宙培养试验分析不同典型微藻在一级 A 污水培养条件下的氮、磷处理效率。其中一级 A 污水中,氮源组成主要以氨氮、硝酸盐为主,磷源为磷酸盐。微藻在扩大培养条件下,培养周期更短、生长更快、光照条件相对更高,因此我们采用 25 ℃ 和 9 000 lx 的培养条件,分析 3 种典型微藻对硝酸盐、氨氮和磷酸盐去除效率(见图 4-44)。研究结果表明,扩大培养条件下,3 种微藻对氨氮去除效率均超过 95%,其中小球藻和盐藻在培养 6 d 后氨氮去除效率达到 100%,螺旋藻达到 97.2%。

硝酸盐去除率:盐藻>螺旋藻>小球藻,在培养 2 d 后盐藻去除率超过 86%,并保持在 86.6%~88.6%;螺旋藻、小球藻硝酸盐去除率低于盐藻,分别最高为 49.3% 和 19.8%,均在培养末期(10 d)取得。磷酸盐去除率方面,3 种微藻表现较为接近,均具有较高磷酸盐吸收去除效率(均超过 86%)。

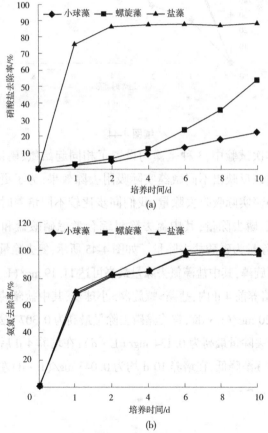

图 4-44　3 种典型微藻在扩大培养下氮、磷去除率

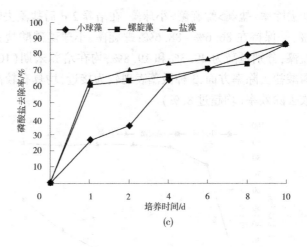

续图 4-44

　　在本次试验中,3 种微藻均设置了相同起始氮、磷浓度,因此去除率可以反映出不同微藻实际吸附去除效果,为了更具体地比较不同微藻实际吸附去除量,我们同步比较不同培养时间 3 种典型微藻氮、磷去除量,其中氮去除量综合考虑硝酸盐和氨氮去除量,磷去除量为磷酸盐去除量。如图 4-45 所示,氮去除量:盐藻>小球藻≈螺旋藻,其中盐藻氮去除量最高可达 11.19 mg/(L·d);磷去除量:在培养前 4 d 内,盐藻>螺旋藻>小球藻,其中盐藻磷去除量最高为 0.320 mg/(L·d),螺旋藻磷去除量最高为 0.307 mg/(L·d),小球藻磷去除量最高为 0.134 mg/(L·d);在培养 4 d 后 3 种微藻去除量均逐渐降低,在培养 10 d 均为 0.043 mg/(L·d)左右。

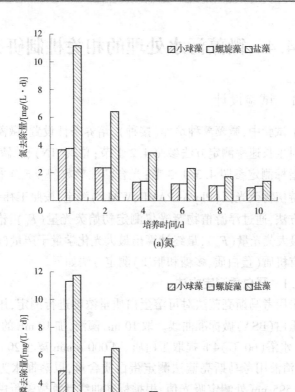

图 4-45　3 种典型微藻在扩大培养下氮、磷去除量

4.4　微藻污水处理的相关机制研究

4.4.1　试验设计

本试验中,微藻藻种培养(接种)、培养条件设置、微藻生物量及相对生长速率测定方法参照 4.2.1 节;总氮(TN)、总磷(TP)等水质指标测定参照 4.3.1.3 节;光合活性参数(F_v/F_m)采用第二代浮游植物荧光仪(Phyto-PAMII,WALZ)测定,按照王祎哲等[254]测试方法,通过浮游植物荧光仪测定初始荧光量(F_0)、饱和脉冲后的最大荧光量(F_m),最终计算出最大光化学量子产量(F_v/F_m)。活性有机质(蛋白质、多糖和脂质)测定方法如下。

4.4.1.1　蛋白质测定方法

采用考马斯亮蓝法对可溶蛋白质量浓度进行测定,用小牛血清白蛋白(BSA)做标准曲线。取 10 mL 藻液,加 10 mL 的 1 mol/L NaOH 水浴(60 ℃)4 h 提取蛋白质。4 000 r/min 离心 20 min,取 1 mL 上清液用考马斯亮蓝法测定蛋白质含量,以蒸馏水为空白对照,于 595 nm 处测定吸光值,根据标准曲线计算微藻蛋白质质量浓度。精确称取牛血清蛋白溶于生理盐水中,终浓度为 2 mg/mL 作为母液,标准溶液的配制见表 4-12。

表 4-12　蛋白质标准溶液的配制

名称	标1	标2	标3	标4	标5	标6	标7	标8
标准品浓度/(mg/L)	0	20	50	100	200	250	400	500
母液体积/μL	0	8	20	40	80	100	160	200
生理盐水体积/μL	800	792	780	760	720	700	640	600

4.4.1.2　多糖测定方法

采用苯酚比色法测定细胞内多糖质量浓度,用葡萄糖(Dglucose)作为标准曲线。取 10 mL 藻液,加 30 mL 蒸馏水制作悬浮液。取以上悬浮液 100 μL,加蒸馏水 900 μL 后再加 1 mL5% 的苯酚,混匀后加 5 mL 浓硫酸。冷却后离心比色(490 nm),根据标准曲线计算微藻多糖质量浓度。多糖标准溶液的配制见表 4-13。

表 4-13 多糖标准溶液的配制

名称	标 1	标 2	标 3	标 4	标 5	标 6	标 7	标 8
葡萄糖标准液/mL	0	0.05	0.10	0.20	0.30	0.40	0.60	0.80
蒸馏水体积/μL	1.0	0.95	0.90	0.80	0.70	0.60	0.40	0.20
葡萄糖含量/μg	0	5	10	20	30	40	60	80

4.4.1.3 脂类测定方法

采用氯仿/甲醇法测定细胞内脂类质量浓度,用胆固醇(cholesterol)作为标准曲线。取 10 mL 藻液,加 30 mL 水制作悬浮液。取以上悬浮液 100 μL,加 1.5 mL 氯仿/甲醇(氯仿与甲醇的体积比为 2∶1)后振荡 30 min。振荡后将提取液烘干(90 ℃),加 0.5 mL 浓硫酸,摇匀后水浴(90 ℃)加热 10 min 后用冰冷却。冷却后加 2.5 mL 显色剂,室温反应 30 min 后离心比色(520 nm),根据标准曲线计算脂类质量浓度。脂类标准溶液的配制见表 4-14。

表 4-14 脂类标准溶液的配制

名称	标 1	标 2	标 3	标 4	标 5	标 6	标 7	标 8
胆固醇标准液/(mg/L)	0	5	10	20	40	80	100	200
母液体积/μL	0	2	4	8	16	32	40	80
生理盐水体积/μL	800	798	796	792	784	768	760	720

4.4.2 光合活性变化分析

光合作用是微藻细胞最重要的代谢活动之一,是描述微藻将无机物质转变为有机物质能力的重要指标[255]。作为光合作用的良好探针,叶绿素荧光参数是鉴定藻类耐逆境能力的良好指标之一,具有快速、准确、简单的特点[256]。利用叶绿素荧光分析技术,可以用来检测微藻细胞生理状况以及对外界环境适应状况分析[257-258]。微藻最主要的能量来源就是光合作用,叶绿素荧光则能反映光能吸收和光化学反应等光合作用的原初反应过程,因此叶绿素荧光参数可以反映光合作用的变化[259],对微藻光合作用的影响主要表现在影响藻细胞对氧的吸收量、叶绿素含量变化、抑制光合作用中电子的传递等[259-260]。光能转换效率 F_v/F_m 指微藻未遭受到任何胁迫并且经过了充分暗适应后光反应中心的最大光化学量子效率,也被称为反应中心最大光能捕获效率。当 F_v/F_m 开始出现下降时,说明微藻光合作用受到抑制,其原因主要是由于随着培养时间的增加,氮、磷等营养盐消耗殆尽,不能满足藻类光合作用中吸收量子所需要的能量消耗[261]。本试验中,3 种微藻在培养 6~8 d 后 F_v/F_m 均出现不同程度的降低,表明 3 种典型微藻光合活性试验生长周期为 8 d,此时藻光合效率最高。

如图 4-46 所示,在污水模拟培养条件下,小球藻、螺旋藻和盐藻光合活性存在一定差异。在培养 8 d 内,小球藻光合活性参数 F_v/F_m 变化范围为 0.44~0.68,平均值为 0.595;螺旋藻光合活性参数 F_v/F_m 变化范围为 0.35~0.57,平均值为 0.512;盐藻光合活性参数 F_v/F_m 变化范围为 0.28~0.48,平均值为 0.382。从光合活性大小看,小球藻>螺旋藻>盐藻;从光合活性时间变化来看,具有类似变化趋势,即在前 8 d 内保持一个相对稳定,在培养 8 d 微藻逐渐受到抑制,影响光合作用活性。污水培养环境中,微藻光合活性处于一个相对较高的水平,随着培养时间的延长,氮、磷消耗比例逐渐增大。氮、磷作为微藻生长的关键限制性营养因子,参与光合作用的整个过程,对于叶绿素、蛋白质等活性分子的合成具有重要作用[262-263]。

4.4.3　活性有机质变化分析

微藻能够在不同氮源(尿素、硝酸钠、氯化铵等)的培养基上

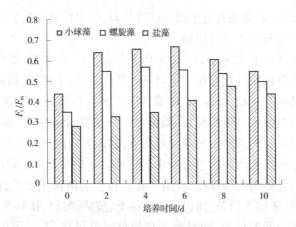

图 4-46　3 种典型微藻最大光量子效率(F_v/F_m)变化

生长。但利用的不同的氮源,螺旋藻的生长速度是有差别的,所得到的生物量也不同。曹世民[264]以尿素和硝酸钠作为氮源来培养螺旋藻,结果表明用尿素作为氮源的螺旋藻比用硝酸钠作为氮源生长得快,还可以降低生产成本。而且不同浓度的氮源不但对螺旋藻生物量的积累有影响,而且对螺旋藻胞外多糖的产生有影响。如果以螺旋藻多糖为培养目的,可以考虑在不影响生物量增长的前提下,适当降低培养基中氮素的含量,有利于多糖的积累[265]。微藻的蛋白含量受培养基中氮浓度的影响,当氮元素大量存在时会刺激微藻蛋白的大量合成,但是培养基中过高的氨氮浓度也会影响蛋白质的合成代谢[266]。藻细胞中蛋白质的合成要以消耗储能物质为前提,因此蛋白质含量的升高往往伴随着多糖含量的降低[267]。微藻中脂类的积累受培养基中氮浓度的影响,当氮缺乏时藻细胞中的碳流会不断流向脂类的合成,以脂粒的形式储存于细胞中;当培养基中氮含量充足时,藻细胞快速生长繁殖,不能进行大量脂质的合成与积累[268]。作为微藻重要生化组分之一,碳水化合物的含量往往要低于蛋白质的含量。因此,在微藻污水培养试验中,需要综合考虑微藻经济效益,针对性选择适宜藻种进行扩大培养和污水处理试验。

如图 4-47 所示,在污水模拟培养条件下,小球藻、螺旋藻和盐藻活性有机质变化存在一定差异。具体而言:小球藻、螺旋藻蛋白质含量相对较高,小球藻、盐藻可溶性多糖含量处于较高水平,且盐藻脂类含量高于小球藻、螺旋藻。微藻富含蛋白质、多糖、维生素、矿物质、类胡萝卜素等营养物质,常作为功能食品或健康食品。小球藻和螺旋藻与其他食物中蛋白质含量的对比,微藻中的蛋白质含量是最高的。目前,应用于食品行业的微藻主要是螺旋藻和小球藻,常加入面条、面包、蛋糕、饼干、披萨、酸奶、饮料等食物中,不仅增加营养价值,同时改善食物色泽及风味[269]。蛋白核小球藻的突出优势在于其能良好地适应沼液这一恶劣的生长环境,耐性较强;在其他藻种无法存活的条件下,蛋白核小球藻可以达到较好的生长状态。而且在生长过程中充分利用沼液中可被利用的营养物质,在生长的同时去除沼液中的营养物质,净化水质。由于微藻中的蛋白质、多糖、核酸等大分子物质都是由碳、氮、磷等元素组成的,因此藻细胞的生长繁殖离不开氮、磷等元素的吸收,恰恰沼液中富含丰富的营养成分,正好为藻细胞的生长提供基本的养料。其中,氮源是微藻可利用的重要元素之一。

利用微藻处理可以进一步提升污水出水标准,同时,微藻藻细胞及其细胞成分具有经济价值,对于开展微藻污水规模化应用具有重要意义。3 种典型微藻中,小球藻每 100 g 干藻含量中,蛋白质含量 55.0~62.0 g,脂类含量 5.6~10.9 g,碳水化合物含量 16.4~19.6 g;螺旋藻每 100 g 干藻含量中,蛋白质含量 48.08~69.30 g,脂类含量 4.39~5.36 g,碳水化合物含量 5.37~10.44 g;盐藻每 100 g 干藻含量中,蛋白质含量 30~40 g,脂类含量 10.9 g,糖类含量 31.6 g。微藻富含蛋白质、油脂、不饱和脂肪酸、天然色素、维生素及矿物元素,是一个巨大的营养宝库。从生态系统食物链角度

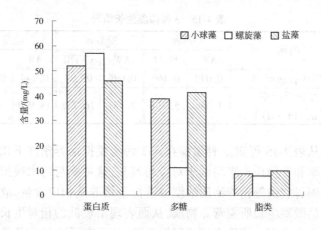

图 4-47　3 种典型微藻活性有机质(蛋白质、多糖、脂类)变化

而言,水产动物的最基础、最原始的的食物来源为藻类。因此,未来微藻作为高附加值产品,其生产及应用具有较为广阔的前景。

4.5　黄河流域优势微藻应用潜力分析

4.5.1　微藻生长适应性分析

　　根据上述结果,可以分析得出小球藻、螺旋藻和盐藻 3 种微藻在室内理想培养条件下可以持续保持 12 d 左右正增长速率,而在扩大培养下 3 种典型微藻持续正增长周期约为 8 d。由于微藻实际污水处理应用过程中,需要综合考虑微藻培养成本、生长周期、生物质产率等因素影响。因此,选取 3 种典型微藻在实际扩大培养条件下(适宜温度和较高光照条件),保持正增长生长周期(8 d)内生长状况,并分析 3 种典型微藻在人工模拟污水条件(AW)生长情况。选取小球藻、螺旋藻和盐藻 3 种典型微藻常用培养基(BG11、CFTRI 和 F/2)条件下的为对照,结果见表 4-15。

表 4-15　3 种微藻生长情况

类别	小球藻		螺旋藻		盐藻	
	AW	BG11	AW	CFTRI	AW	F/2
相对生长速率/d^{-1}	0.079	0.169	0.096	0.236	0.144	0.180
生物质产率 [mg/(L·d)]	1.036	5.034	3.451	16.748	18.929	28.204

从表 4-15 可知,3 种微藻在人工污水模拟培养条件下相对生长速率和生物质产率均低于对应培养基,这可能与污水模拟培养条件碳、氮、磷等营养物质浓度显著低于培养基相应含量,故而不能满足微藻生长所需营养物质,从而表现出较低的相对生长速率和生物质产率。相比小球藻和螺旋藻,盐藻在污水培养条件下相对生长速率和生物质产率更接近对照组,螺旋藻与对照组差异最大;从平均值来看,生物质产率:盐藻>螺旋藻>小球藻,相对生长速率:盐藻>螺旋藻>小球藻,换言之,盐藻更适宜在营养胁迫条件下生长,螺旋藻对于营养浓度变化更为明显。值得注意的是,在培养中后期,盐藻和螺旋藻出现衰亡现象,其中盐藻衰亡时间最早,螺旋藻其次,小球藻最后。因此,如果从生长持续周期来看,小球藻持续稳定时间最长;如果考虑短时间生物质产率和相对生长速率,盐藻具有明显优势。

4.5.2　微藻氮、磷处理的潜力分析

由表 4-16 可见,培养期内(8 d),3 种微藻均可以去除水体中的氮、磷等营养物质。其中,在培养基条件下,TN 去除率:盐藻>小球藻>螺旋藻,TP 去除率:盐藻>小球藻>螺旋藻;在污水培养条件下,TN 去除率:盐藻>小球藻>螺旋藻,TP 去除率:盐藻>小球藻>螺旋藻。从去除率来看,无论是培养基或者污水培养条件下,盐藻氮、磷去除率均为最高,小球藻次之,螺旋藻最低。由于不同培养基之间成分存在差异,具体去除量比较分析可以发现,在培养

基条件下,TN 去除量:小球藻>螺旋藻>盐藻,其中小球藻 TN 去除量达到 16.77 mg/(L·d),远高于其他两种微藻;TP 去除量:螺旋藻>小球藻>盐藻,虽然螺旋藻去除率较低,但是其实际 TP 去除量高于另外两种微藻,主要原因为 CFTRI 培养基磷浓度远高于 BG11 和 F/2。在污水培养条件下,TN 去除量:盐藻>小球藻≈螺旋藻,其中盐藻 TN 去除量达到 1.35 mg/(L·d),高于其他两种微藻;TP 去除量:小球藻>盐藻>螺旋藻,小球藻 TP 去除量高于另外两种微藻。从上述结果可以看出,污水和培养基培养条件下 TN、TP 去除量差异明显,以小球藻为例,在培养基条件下具有较高的 TN 去除量,然而在污水培养条件下,TN 去除量明显降低,可能原因:一方面,污水中氮形态包括氨氮和硝酸盐,微藻更优先吸收利用氨氮[98],试验结果也表明因小球藻等微藻氨氮去除率均接近 100%,同时氨氮吸收也会影响微藻对硝酸盐的利用;另一方面,污水培养条件下,小球藻氮、磷营养与培养基差异较大,小球藻生长活性受到一定限制,从而不能表现出较高的吸收能力。盐藻 TN 去除量达到 1.35 mg/(L·d),明显高于小球藻和微藻,并且超过对照组处理量,这可能源于盐藻对低氮环境具有更高耐受能力和生长活性,而螺旋藻营养吸收则明显受到一定程度抑制。

表 4-16 微藻氮、磷去除效率

类别	小球藻		螺旋藻		盐藻	
	AW	BG11	AW	CFTRI	AW	F/2
TN 去除率/%	14.58	54.30	4.68	8.59	90.07	63.44
TN 去除量 [mg/(L·d)]	0.65	16.77	0.63	2.65	1.35	1.26
TP 去除率/%	67.32	54.55	64.51	8.42	86.93	93.55
TP 去除量 [mg/(L·d)]	0.054	0.49	0.038	0.94	0.051	0.12

在培养期内,3 种微藻均可持续利用和去除模拟污水中的含磷物质。已有研究表明,磷的去除主要通过藻的吸收和合成利用,有机物的存在可促进微藻对磷的吸收利用[98]。同时,从微藻培养基 pH 随培养时间变化来看,模拟污水培养微藻藻液 pH 要高于对照培养基,可见,藻的光合作用及有机污染物的去除均有利于 pH 上升。试验表明,藻液 pH 上升可引起钙磷沉积[270]等物化除磷效果。然而,不同微藻培养基和污水中的 TP 去除率存在差异,即磷的去除与微藻种类、光照、碳源、pH 等因素有关外,还可能与氮、磷浓度及比例等因素有关。

4.5.3　微藻经济效益分析

微藻含有丰富蛋白质、碳水化合物和脂类等物质,具有较高营养价值。表 4-17 为常用饵料微藻的生化成分的分析结果。其中螺旋藻、小球藻等微藻蛋白质含量较高,占比超过 50%,具有较高的营养价值,适合作为饵料资源。微藻成分分析结果表明,常用饵料微藻氨基酸成分丰富,含有人体所必需的氨基酸,与联合国粮食及农业组织(FAO)推荐的食用蛋白质的氨基酸组成标准相似,是全价蛋白质。微藻碳水化合物中的糖类成分比较丰富,一般均能满足动物饵料需求,微藻纤维素含量很低,鱼类等水产动物一般不能消化吸收纤维素,适合作为水产动物饵料资源。另外,很多微藻中含有丰富的长链不饱和脂肪酸,是优良饵料来源。

饵料微藻以其独特的优势在生物饵料中占据基础性地位,且比鱼粉、骨肉粉等动物性饵料优越。不仅可提高水产养殖育苗成活率和经济效益,且其天然环保,对养殖水产品的食品安全和可持续发展有巨大的推动作用。虽然目前已有几百种商品化的微藻种类,但在微藻水产养殖、饵料资源等开发利用仍较为不足(仅 20 余种),未来微藻潜在利用市场仍然具有广阔发展空间。微藻饵料资源等经济效益评价中,不仅需要考虑微藻的生长、繁殖和形态特征等生物学特性,同时需要研究微藻蛋白质、碳水化合物、脂类等关键营养成分含量和组成比例。

表4-17 常用饵料微藻的主要生化成分 %(干重)

微藻种类	蛋白质	碳水化合物	脂类
极大螺旋藻(*Spirulina maxima*)	65.0	20.0	2.0
钝顶螺旋藻(*Spirulina platesnis*)	62.5	8.5	3.0
蛋白核小球藻(*Chlorella pyrcnoidosa*)	57.0	26.0	2.0
小球藻(*Chlorella vulgaris*)	51.0~58.0	12.0~17.0	14.0~22.0
海水小球藻(*Chlorella* sp.)	53.2	10.4	6.6
盐生杜氏藻(*Dunaliella salina*)	57.0	31.6	6.4
斜生栅藻(*Scenedesmus obliquus*)	52.0	12.5	9.0
微绿藻(*Nannochloris* sp.)	46.7	46.4	6.9
四鞭藻(*Tetraselmis* sp.)	52.0	15.0	2.9
角毛藻(*Chaetoceros* sp.)	35.0	6.6	6.9
牟氏角毛藻(*Chaetoceros muelleri*)	28.5		
简单角毛藻(*Chaetoceros simples*)	34.3	—	6.0
新月菱形藻(*Nilzschia closterium*)	47.6	—	—
三角褐指藻(*Phaeodactyluni tricornutum*)	33.0	24.0	6.0
中肋骨条藻(*Skeletonema costatum*)	37.0	20.8	4.7
假微型海链藻(*Thalassiosira pseudonana*)	40.7	26.5	11.7
湛江叉缝金藻(*Dicrateria zhanjiangensis*)	37.0	31.5	19.0
球等鞭金藻(*Isochrysis galbana*)	46.8	22.5	22.3
陆兹尔巴氏藻(*Pavlova lutheri*)	49.0	31.4	11.6

注:"—"表示未报道。

微藻含有丰富蛋白质、碳水化合物和脂类等物质,具有较高经济价值,适合作为饵料资源、营养食品、生物能源等多种用途。利用微藻高效的光合作用,可以吸收和利用大量的二氧化碳,具有固碳效率高、定点固碳、高附加值产品相结合等显著优势,将化石燃料燃烧等工业生产过程中产生二氧化碳固定的同时将生物转化为微藻生物质,可以作为食品、饵料、饲料、肥料,或者经过进一步加工生产生物柴油、生物塑料等。此外,吸收的二氧化碳可以进入碳交易市场进行销售。微藻主要经济效益体现在以下几个方面。

（1）生物饲料。

微藻富含蛋白质、油脂、不饱和脂肪酸、天然色素、维生素及矿物元素,是一个巨大的营养宝库。从生态系统食物链角度而言,水产动物最基础、最原始的食物来源为藻类。在水产育苗过程中,微藻常作为贝类、虾类及鱼类幼体的开口饵料。同时,微藻也常用于动物性次级饵料(如轮虫、卤虫、枝角类等)的营养强化,主要提高动物性饵料的营养成分,尤其是不饱和脂肪酸的含量,然后投喂给水产幼苗。饵料微藻的使用可以显著提高水产幼苗的存活率、保障幼体正常的变态和发育,增强免疫力、促进幼苗的生长。

随着饲料行业减抗(抗生素)和禁抗(抗生素)措施的实施,微藻是"后抗生物素养殖"时代替代方案之一。通过改变微藻在饲料中的应用方法方式,大幅度降低微藻生产成本,实现微藻在饲料行业的广泛应用,为绿色健康、高品质、无污染的肉质食物生产保驾护航。

（2）营养食品。

目前,应用于食品行业的微藻主要是螺旋藻和小球藻,常加入面条、面包、蛋糕、饼干、披萨、酸奶、饮料等食物中,不仅增加营养价值,同时改善食物色泽及风味。

随着消费水平的提高及人们对健康保健、营养平衡等意识的增强,在全球范围内,微藻市场一直保持稳定增长。2018 年全球藻类产品市场价值为 339 亿美元,预计到 2027 年将达到 565 亿美元。其中。小球藻广泛应用于保健食品领域,也可作为水产饵料、家禽和畜牧的饲料应用,预计市场份额到 2026 年底将增长超过 45%。螺旋藻被誉为"超级食物",全球每年生产螺旋藻粉 12 000 t 左右。近期的市场报告表明,预计到 2023 年,整个藻类产品的年复合增长率将超过 5.2%,市场规模将达到 446 亿美金,尤其是螺旋藻在化妆品和天然着色剂行业的应用,到 2026 年,螺旋藻的年复合增长率将达到 10% 左右。

(3)生物能源。

利用微藻积累油脂的能力,可以将藻细胞内油脂提取后或整个藻体水热液化后,经进一步加工和精制可以生产生物柴油。此外,利用微藻体作为原料,经发酵可生产燃料乙醇,或经厌氧发酵生产甲烷,或燃烧进行生物质发电,还可以微藻产氢。图 4-48 为微藻生物能源利用模式。

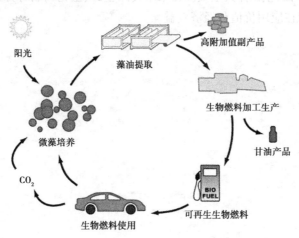

图 4-48　微藻生物能源利用模式

微藻生物能源前景广阔,有些藻类可以积累细胞干重 40% 的油脂,通过进一步的选育和基因改造可以进一步提高油脂含量。藻类油脂可以转化成柴油、合成石油、燃料丁醇或者工业化学品。据报道,1英亩(1英亩=4 046.86 m²)土地用于微藻养殖每年可以产生5 000~10 000加仑(1加仑=4.546 L)的油,其量远远超过大豆、油菜籽、麻风树、棕榈等。由于微藻产业化成本较高,目前仍然处于中试和示范阶段,离大规模商业化应用仍然有较长距离。

综上所述,本书项目分析了污水培养条件下微藻活性有机质(蛋白质、可溶性多糖和脂类)变化,研究结果显示:小球藻、螺旋藻和盐藻3种典型微藻均具有较高的营养成分,其中小球藻中蛋白质含量为52.1 mg/L,可溶性多糖含量达到38.8 mg/L,脂类含量为8.9 mg/L;螺旋藻中蛋白质含量为57.2 mg/L,可溶性多糖含量达到11.0 mg/L,脂类含量为8.1 mg/L;盐藻中蛋白质含量为45.9 mg/L,可溶性多糖含量达到41.4 mg/L,脂类含量为9.8 mg/L。因此,3种典型微藻在未来食品生产、生物饵料等方面具有重要潜在应用价值和经济效益。

第 5 章 引黄灌区草–藻协同生态沟渠构建关键技术

伴随着现代农业的快速发展,化肥、农药的大量使用使得黄河流域农业面源污染负荷居高不下,河湖水质受到严重影响。本书研究将通过文献整理分析总结黄河流域典型区域农业面源污染特征,结合沉水植物在农业面源污染治理方面的技术应用,提出适宜黄河流域农业面源污染治理的草–藻协同生态沟渠构建技术措施。

5.1 技术原理及组成

本技术主要利用灌区排水沟、坑塘等构建草–藻协同三级净化体系。来水经过挺水植物+微藻+沉水植物+水生生物的处理后,污染物质得到有效去除,最终实现污水的达标排放。

首先构建生态沟,利用芦苇等挺水植物对生活污水、灌溉退水等进行初步处理,对杂质进行拦截,对氮、磷等污染物进行去除,提高水体透明度,初步调节水质。初步净化后的水进入生态塘进行一级处理,在生态塘浅水区域种植芦苇、菖蒲等挺水植物,在深水区域投加小球藻、盐藻以及螺旋藻等,此时对硝酸盐氮、氨氮、磷酸盐等的去除率可达50%以上,为沉水植物生长营造良好的生态空间。经过初级处理后的水通过二级生态沟渠进入配置沉水植物+挺水植物的表流人工湿地,进行二级处理,水质得到进一步净化,部分水质指标可达Ⅳ类及以上,可直接进行排放。随后根据实际需要及地形进入氧化塘进行三级处理,氧化塘中配置挺水植物+微藻,并投加水生动物,构建完备的生物链,对来水进行深度处理,使得出水后的水质可达地表水Ⅲ类水质标准。

5.2　生态净化节点总体布置

本技术中生态净化节点为沟塘串联结构,形成农田退水逐级净化的生态处理体系(见图 5-1)。在村庄上游的排水支沟适宜部位,新建以芦苇等耐污染负荷冲击的挺水植物构建的一级生态沟,将支沟中农田退水引入由废弃坑塘改造的生态塘,进行一级处理;通过以篦齿眼子菜为主构建的二级生态沟,将一级出水引入以废弃坑塘改造的表流型湿地,湿地以二级出水经村庄亲水生态景观带进入深度净化塘,亲水生态景观带以沉水植物、景观型滨水植物、常绿灌木、乔木等为主,辅以滨水步道、亲水平台等构建而成,以满足村庄居民亲水与新农村建设景观需要;深度净化塘以金鱼藻、荷花为主,投放鲢鱼、螺、虾等水生生物,逐步构建具有一定自净能力的复杂水生生态系统,对水体进行三级净化;经过三级净化的出水可通过退水渠进入灌溉渠道用于农田灌溉,或进入排水干沟用于缓冲未处理水污染负荷的冲击,保障下游受纳水体水环境安全。

图 5-1　总体布置示意

5.3　生态净化单元配置

按照上述生态净化单位的净化功能和主要参数,对各生态净化单元进行配置,主要规模、结构和植被搭配如下。

5.3.1　一级生态沟

一级生态沟由芦苇生态沟主体和前端的闸、后端的透水坝构成,见图5-2和图5-3。其技术要点如下。

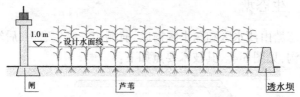

图 5-2　一级生态沟纵剖面示意

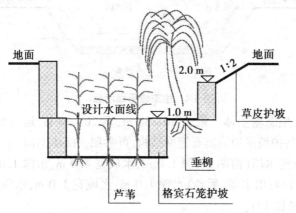

图 5-3　一级生态沟横剖面示意

(1)沟底宽 2.0 m;纵向坡比 1/2 000~1/4 000;设计水深1.0 m。

（2）闸为钢混结构,孔宽 1.0 m,孔高 2.0 m;透水坝为格宾石笼网结构,高 1.0 m,透水率 10%~20%。

（3）边坡为两级格宾石笼结构,透水率小于 10%;其中一级石笼高 1.0 m,二级石笼与地面平齐;岸坡空间充足时两级石笼均高 1.0 m,其间可留宽 1.0 m 平台种植垂柳等耐涝乔木,二级石笼与地面之间可采用 1:2 草皮护坡。

（4）芦苇种植密度一般为 36 株/m²,垂柳株距一般为 15~20 m。

5.3.2　生态塘

生态塘由浅水区和深水区构成,前端接一级生态沟,后端接二级生态沟,见图 5-4。其技术要点如下:

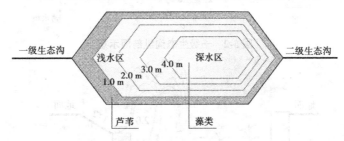

图 5-4　生态塘平面示意

（1）生态塘主体一般长 40~50 m,宽 20~30 m,运行容积约 1 500 m³;护坡采用格宾石笼网结构,可参照一级生态沟。

（2）进水端（前端）水深 1.0 m,水域宽 4.0 m,水深 1.0~4.0 m,坡比 1:4;出水端（后端）水深 1.0 m,水域宽 1.0 m,水深 1.0~4.0 m,坡比 1:1。

（3）水深 1.0 m 区域种植芦苇、菖蒲等,种植密度一般为 36 株/m²;深水区可投加微藻,如小球藻、盐藻等。

5.3.3 生态净水堰(可考虑设置在生态塘深水区末端或亲水景观带)

生态净水堰技术是在传统透水坝结构的基础上,通过对堰型、构筑材料、布局和运行维护的优化配置,提高其净水效果的河流生态修复技术,可应用于面源污染控制、污染河流净化、河道微环境改善等方面。生态净水堰主要由基座、上游与下游石笼护脚、堆石坝坡、利于水生生物迁徙的凹槽和具有净水功能的组合填料区构成,其断面结构如图 5-5 所示。生态净水堰一般建在不具备行洪和通航功能的河道上,适用于没有落差的小型河流。根据设计工况下结构顶部是否过流,分为透水坝、透水堰两种不同形式。通过构筑生态净水堰在河道上游形成深水区,促进污染物沉降,并结合水生动植物、微生物对污染物的吸收转化等作用改善出水水质;生态净水堰由砾石、木桩等当地自然材料构筑,并在其内部铺设具有吸附和挂膜性能的组合填料,削减水体中的污染物;通过适宜的堰型和平面布局设计,改善河道坡降和局部流场影响河道底质的形式和分布,在改善水质的同时为水生生物提供适宜的多样性栖息地。

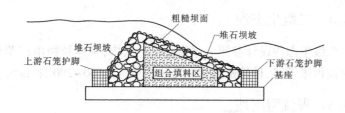

图 5-5　生态堰平面示意

(1)为塑造多样性的水流条件和河床底质,还可以结合不同的平面形式[271],如 I 形、J 形、V 形、U 形或 W 形等,利用水工试验或三维数学模型对坝体的横断面的高度、比降等结构参数进行优化。当采用坝面栽培植物的堰型时应对植物的种类、种植位置及密度等进行合理的设计,提升净水效果的同时为水生生物提供适宜的遮荫场所。

(2)在进行生态净水堰设计时应关注构筑材料的种类、颗粒级配、结构(如有、无导流挡板等)、铺设形式(如垂直分层、完全混合、水平分层等)等。为保证坝体稳定性,上、下游表面可采用较大粒径的块石等材料,在坝体内设置具有净水效果的填料心墙。可以考虑采用轮胎颗粒、空心砖或红砖屑、火山岩等对污染物吸附效果较好的传统填料,以及挂膜效率较高的弹性填料,并通过修复目标对不同填料组合,优化水质净化的效果。但应对填料进行适当的前处理,一方面可以提高填料的吸附性能,另一方面防止部分填料在一定条件下释放污染物。为降低堵塞和流土风险,坝体内填料粒径分布应根据流速、泥沙和悬浮物含量等确定;为使水体与填料表面接触充分,填料粒径沿水流方向逐渐减小。另外,还应考虑填料的种类和粒径对微生物膜附着及残体脱落的影响,既可保证生物膜形成,又可使衰老生物膜及时从填料表面脱落,以维持微生物活性。

5.3.4　二级生态沟

二级生态沟设计参照一级生态沟。其中,主体植物由芦苇替换为篦齿眼子菜,种植密度一般为 6 丛/m² 或 100~200 株/m²。

5.3.5　表流型湿地

表流型湿地主要由布水、集水系统与沉水植物处理单元构成,见图 5-6。其技术要点如下:

（1）湿地一般宽 40~60 m，长 80~100 m，运行规模约 3 000 m³；护坡采用格宾石笼网结构，可参照一级生态沟。

（2）布（集）水渠、溢流堰等采用砖混结构，水深一般 0.30 m，渠中种植美人蕉、菖蒲等挺水植物。

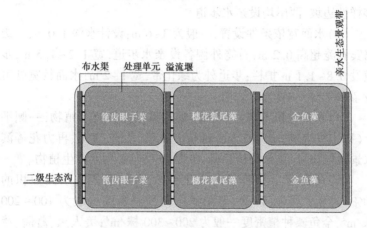

图 5-6　表流型湿地平面示意图

（3）6 个处理单元为并行串联结构，分 3 级：篦齿眼子菜处理单元、穗花狐尾藻处理单元和金鱼藻处理单元，其设计水深分别为 1.5 m、1.0 m 和 0.6 m；6 个处理单元可灵活调整运行和备用，也可同时运行。

（4）篦齿眼子菜、穗花狐尾藻和金鱼藻种植密度分别为 100~200 株/m²、100~200 株/m² 和 200~300 株/m²。

5.3.6　亲水生态景观带

亲水生态景观带以沉水景观植物、滨水景观植物、常绿灌木、乔木等为主，辅以滨水步道、亲水平台等构建而成，见图 5-7。其设计要点如下：

（1）亲水生态景观带以格宾石笼结构为主,结合自然边坡构建多样化亲水生态景观,在满足景观设计的同时,构建乔木、灌木、挺水、沉水等多种类型植物组成的立体生态廊道。

（2）以两级格宾石笼网或1:2自然草皮护坡+格宾石笼网构建多样性边坡,两岸均设亲水步道。

（3）水面宽依条件设置,一般为3~6 m;设计水深1.0 m,一级格宾石笼超高0.2 m;石笼外侧各设亲水步道,宽1.2~1.5 m,步道设0.8~1.1 m护栏;步道外为绿化带,宽1~2 m;水面较宽处可设亲水平台,一般为木结构。

（4）水中种植苦草、金鱼藻、穗花狐尾藻等沉水植物,一侧平台(以木桩围隔,水深0.3m)种植美人蕉、菖蒲、鸢尾、再力花等滨水景观植物,绿化带种植垂柳、冬青、三叶草等耐寒陆生植物。

（5）所有水生植物呈斑块化种植,种植面积占水面面积的20%~30%。其中,苦草、穗花狐尾藻种植密度一般为100~200株/m²,金鱼藻种植密度一般为200~300株/m²;美人蕉、菖蒲、鸢尾、再力花种植密度一般为36株/m²;垂柳株距15~20 m,冬青株距0.20 m,行距0.30 m,三叶草草籽喷播密度一般为10 g/m²。

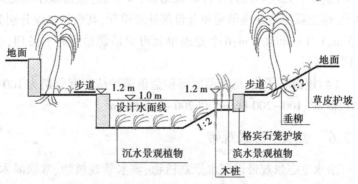

图5-7　亲水生态景观带典型断面示意图

5.3.7 深度净化塘

深度净化塘水生植物以金鱼藻和荷花为主,投放鲢鱼、螺、虾等水生生物,逐步构建具有一定自净能力的复杂水生生态系统。其设计要点如下:

(1)深度净化塘面积一般为 2 000~3 000 m^2,运行水深 1.5~3.5 m,最大运行规模 9 000 m^3,调节容积 4 500 m^3,采用自然边坡。

(2)荷花主要沿岸边呈斑块化布置,密度 6 丛/m^2,金鱼藻种植密度 200 株/m^2,可适当布置粉绿狐尾藻浮床。

(3)初期投放鲢鱼苗 1 000 尾,螺 2 000 头,虾苗 1 000 尾。

5.3.8 退水渠

退水渠一般采用自然岸坡,梯形断面,渠首为溢流堰或闸。

5.4 主要功能参数及说明

本技术中生态净化节点主要包括以下生态净化单元:一级生态沟+生态塘、二级生态沟+表流型湿地、深度净化塘等,通过三级生态净化使高污染负荷水体净化为符合地表水Ⅲ类标准的水体。

其中,一级生态沟作用为去除进水中的大部分悬浮颗粒物,大幅提高水体透明度;生态塘作用为调节水体水量,并大幅去除水体中的氮、磷等污染物,为沉水植物湿地净化过程提供适宜的水质条件;二级生态沟作用为进一步去除水中的悬浮颗粒物,为沉水植物湿地净化过程提供适宜的水体透明度;表流型湿地是以沉水植物为主构建的湿地系统,主要作用是发挥沉水植物的水体净化功能,去除水体中的氮、磷等污染物,使水质达到接近地表水Ⅴ类标准,为亲水生态景观带提供生态用水;深度净化塘作用为接纳亲水生态景观带出水,通过深度净化将水质提升到地表水Ⅲ类标准。

主要功能参数及说明如下:

(1)总体参数。

运行条件:水温≥15 ℃。

设计进水水质:TN≤50 mg/L,TP≤5 mg/L。

设计出水水质:TN≤1 mg/L,TP≤0.1 mg/L。

设计出水标准:地表水Ⅲ类。

日处理能力:200 m³。

总停留时间:56~77 d(不计渠道部分)。

总运行规模:9 000~13 500 m³(不计渠道部分)。

总去除能力:总氮、总磷去除率>96%。

(2)进水水质。

参数:设计进水水质 TN≤50 mg/L,TP≤5 mg/L。

悬浮颗粒物去除率90%。

说明:据调查,黄河流域受农业面源污染的水体总氮最高达47.5 mg/L,总磷最高达5.4 mg/L。本技术采用以芦苇为主的一级生态沟,可耐受较高的氮磷污染负荷,对总氮和总磷有一定的处理能力,但一级生态沟的功能主要为通过密植芦苇、透水坝等过滤水体中的粗沙等悬浮颗粒物,提高水体透明度,为生态塘的运行提供条件。

(3)生态塘。

参数:设计进水水质 TN≤25 mg/L,TP≤2.5 mg/L。

设计出水水质:TN≤7.5 mg/L,TP≤0.75 mg/L。

停留时间:7 d。

说明:相关研究表明,组合型生态塘7 d氮、磷去除率可达74%~99%。本技术采用好氧、缺氧两级生态塘系统,以挺水植物、微藻类、细菌为主的污染物去除机制,7 d氮、磷去除率可达70%以上。

(4)二级生态沟+生态湿地。

参数:设计进水水质 TN≤7.5 mg/L,TP≤0.75 mg/L。

设计出水水质 TN≤2.25 mg/L,TP≤0.225 mg/L。

停留时间:28 d。

说明:根据本书研究相关数据及作者先前研究数据,沉水植物系统 7 d 氮、磷去除率可达 55%~60%,本技术采用并行三级串联的处理模式,28 d 氮、磷去除率可达 70%以上。

(5)深度净化塘。

参数:设计进水水质 TN≤2 mg/L,TP≤0.2 mg/L。

设计出水水质 TN≤1 mg/L,TP≤0.1 mg/L。

停留时间:21~42 d。

说明:深度净化塘为第三级处理单元,其前置的亲水生态景观带对氮、磷有一定的处理能力,据相关研究,其去除能力与规模有关,停留时间 7 d 去除率可达 20%~30%,因此深度净化塘进水水质总氮、总磷分别低于 2 mg/L 和 0.2 mg/L。深度净化塘功能与生态塘相似,但在低负荷下净化效率较低。本技术中,相同日处理能力下深度净化塘去除率可达 50%以上。

5.5 运行维护技术要点

5.5.1 运行总体思路

以上介绍了本技术中生态净化节点的总体布置、生态净化单元的结构与配置以及生态净化节点的主要功能参数(见表 5-1)。生态净化节点以村庄附近的废旧坑塘沟道为依托,不额外占地的情况下,采用沉水植物为主的生态净化方式,其处理能力有限(200 m³/d),停留时间长(56~77 d)。因此,要通过各区域农业污染水体退水路线上由退水沟联系的无数个串联、并联的生态净化单元协同发挥作用。

表 5-1　生态净化单元结构、配置与生态净化节点的主要功能参数

序号	生态单元名称	结构与规模	植物配置	主要功能或参数	运行条件
1	一级生态沟	格宾石笼护坡结构渠道；底宽 2 m；纵向坡比 1/2 000～1/4 000	芦苇	设计进水水质 TN ≤ 50 mg/L，TP ≤ 5 mg/L；悬浮颗粒物去除率 90%	
2	生态塘	格宾石笼护坡结构塘；长 40～50 m，宽 20～30 m；运行容积 1 500 m³	芦苇，微藻	设计进水水质 TN ≤ 25 mg/L，TP ≤ 2.5 mg/L；设计出水水质 TN ≤ 7.5 mg/L，TP ≤ 0.75 mg/L；停留时间：7 d	
3	二级生态沟	格宾石笼护坡结构渠道；底宽 2 m；纵向坡比 1/2 000～1/4 000	篦齿眼子菜	进一步去除水体悬浮颗粒物，提高水体透明度	
4	表流型湿地	宽 40～60 m，长 80～100 m，运行规模约 3 000 m³	篦齿眼子菜，穗花狐尾藻、金鱼藻等	设计进水水质 TN ≤ 7.5 mg/L，TP ≤ 0.75 mg/L；设计出水水质 TN ≤ 2.25 mg/L，TP ≤ 0.225 mg/L；停留时间：28 d	水温 ≥ 15 ℃
5	亲水生态景观带	宽 3～6 m；水深 1 m	乔木、灌木，挺水植物、沉水植物等	主要发挥生态景观功能	
6	深度净化塘	面积 2 000～3 000 m²，水深 1.5～3.5 m，最大运行规模 9 000 m³，调节容积 4 500 m³	金鱼藻，荷花等	设计进水水质 TN ≤ 2 mg/L，TP ≤ 0.2 mg/L；设计出水水质 TN ≤ 1 mg/L，TP ≤ 0.1 mg/L；停留时间：21～42 d	
7	退水渠	自然岸坡，梯形断面	自然生长	净化水配置渠道	

5.5.2　运行管理要点

本技术中生态净化节点以水生植物为主体,运行管理以水生植物相关的事项为主,如夏季以控制水生植物密度为主的沉水植物打捞,秋季以防止水体二次污染为主的植物收割与打捞,以及水生植物病虫害防治等。另外,日常运行管理以进出水流量调节、湿地生态净化单元轮休、水面垃圾打捞等。

参考文献

[1] 马永来,蒋秀华,刘东旭,等. 黄河流域河流与湖泊[M]. 郑州:黄河水利出版社,2017.

[2] 李琴. 建国以来河套灌区水利事业发展视域下的社会变迁研究[D]. 呼和浩特:内蒙古师范大学,2019.

[3] 曹连海, 吴普特, 赵西宁,等. 内蒙古河套灌区粮食生产灰水足迹评价[J]. 农业工程学报, 2014,30(1):63-72.

[4] 杨明利, 赵峰. 河套灌区水污染防治建议[J]. 内蒙古水利, 2013(1):61.

[5] 贾红梅, 李青丰, 胡杨,等. 河套灌区总排干沟沿程及乌梁素海污染特征[J]. 环境与发展, 2012,24(4):72-78.

[6] 田志强,霍轶珍,韩翠莲,等. 河套灌区总排干沟氮污染负荷分割与估算[J]. 内蒙古农业大学学报(自然科学版), 2019,40(3):75-79.

[7] 孙鑫, 李兴, 李建茹. 乌梁素海全季不同形态氮磷及浮游植物分布特征[J]. 生态科学, 2019,38(1):64-70.

[8] 王国安, 牛静. 中国农业面源污染的成因及治理——基于汾河流域研究成果[J]. 世界农业,2012(3):69-71.

[9] 郑微微, 易中懿, 沈贵银. 中国农业生产水环境承载力及污染风险评价[J]. 水土保持通报,2017,37(2): 261-267.

[10] 霍岳飞, 王尚义. 山西省汾河水库水环境质量研究[J]. 山西师范大学学报(自然科学版),2019,33(4):96-100.

[11] 董雯,王瑞琛,李怀恩,等. 渭河西咸段水质时空变异特征分析[J]. 水力发电学报,2020,39(11):80-89.

[12] 刘吉开,万甜,程文,等. 未来气候情境下渭河流域陕西段非点源污染负荷响应[J]. 水土保持通报, 2018,38(4):82-86.

[13] 陈冲. 黄淮海平原农业面源污染与农业产出增长——基于1978—2012年面板数据的实证研究[J]. 青岛农业大学学报(社会科学版),2014,

26(3):25-30.

[14] 栗文佳,陈影影,于世永,等.近40年来东平湖水环境变迁及驱动因素[J].环境工程,2018,36(10): 48-52.

[15] 肖文涛.农村面源污染特点及成因浅析[J].中国新通信,2016,18(11):107.

[16] 吴晓妮,付登高,段昌群,等.柴河流域种植方式与沟渠类型对农田径流氮、磷含量的影响[J].水土保持学报,2016,30(6):38-42.

[17] 王晓玲,乔斌,李松敏,等.生态沟渠对水稻不同生长期降雨径流氮磷的拦截效应研究[J].水利学报,2015,46(12):1406-1413.

[18] 余红兵,肖润林,杨知建,等.灌溉和降雨条件下生态沟渠氮、磷输出特征研究[J].长江流域资源与环境,2014,23(5):686-692.

[19] 汪雨.河套灌区灌溉水利用系数计算及农业用水总量分析[D].扬州:扬州大学,2017.

[20] 王海宏,龚时宏,王建东,等.内蒙古河套灌区末级渠系改造模式优化研究[J].灌溉排水学报,2016,35(1):89-93.

[21] 吉光泽.引黄灌区渠系优化配水技术[J].水利水电技术,1992(8):46-47,16.

[22] 于海漪.中国水生植物外来种的区系组成、分布格局与扩散途径[D].武汉:武汉大学,2017.

[23] Cook CDK. Aquatic plant book[M]. SPB Academic Pub. ,1996.

[24] 李强,王国祥,宋仲容.沉水植物生长恢复研究[M].北京:中国水利水电出版社,2013.

[25] Nizzoli D, Welsh D T, Longhi D, et al. Influence of Potamogeton pectinatus and microphytobenthos on benthic metabolism, nutrient fluxes and denitrification in a freshwater littoral sediment in an agricultural landscape: N assimilation versus N removal[J]. Hydrobiologia,2013,737(1):183-200.

[26] He D, Ren L, Wu Q L. Contrasting diversity of epibiotic bacteria and surrounding bacterioplankton of a common submerged macrophyte, Potamogeton crispus, in freshwater lakes[J]. FEMS microbiology ecology,2014,90(3):551-562.

[27] Zhang Y, Liu X, Qin B, et al. Aquatic vegetation in response to increased

eutrophication and degraded light climate in Eastern Lake Taihu: implications for lake ecological restoration[J]. Scientific reports,2016(6):23867.

[28] 王文林,刘波,韩睿明,等.沉水植物茎叶微界面及其对水体氮循环影响研究现状与展望[J]. 生态学报,2014,34(22):6409-6416.

[29] 包先明, 陈开宁,范成新. 沉水植物生长对沉积物间隙水中的氮磷分布及界面释放的影响[J].湖泊科学,2006,18(5):515-522.

[30] 由文辉. 螺类与着生藻类的相互作用及其对沉水植物的影响[J].生态学杂志,1999(3):54-58.

[31] 司静,邢奕,卢少勇,等.沉水植物衰亡过程中氮磷释放规律及温度影响的研究[J].中国农学通报,2009,25(1):217-223.

[32] 李靖,敖新宇,李宁云,等.铵氮和硝态氮胁迫下金鱼藻对氮素的利用[J].江西农业大学学报,2012,34(2):409-413.

[33] Madsen T V, Cedergreen N. Sources of nutrients to rooted submerged macrophytes growing in a nutrient-rich stream[J]. Freshwater Biology,2010,47(2):283-291.

[34] Nichols D S, K Ee Ney D R. Nitrogen nutrition of Myriophyllum spicatum: variation of plant tissue nitrogen concentration with season and site in Lake Wingra[J]. Freshwater Biology,1976,6(2):137-144.

[35] 刘海琴, 邱园园, 闻学政,等. 4种水生植物深度净化村镇生活污水厂尾水效果研究[J]. 中国生态农业学报, 2018,26(4):616-626.

[36] Vaquer A. Absorption and accumulation of pesticides residues and chlorinated biphenyls in both wild aquatic vegetation and rice in the camargue region,(in french)[J]. Oecol Plant,1973,8(4):353-365.

[37] Fritioff Å,Greger M. Uptake and distribution of Zn, Cu, Cd, and Pb in an aquatic plant Potamogeton natans [J]. Chemosphere, 2006, 63 (2): 220-227.

[38] Song Y,Wang J,Gao Y,et al. Nitrogen incorporation by epiphytic algae via Vallisneria natans using 15N tracing in sediment with increasing nutrient availability[J]. Aquatic Microbial Ecology,2017,80(1):93-99.

[39] Xu D, Xiao E, Xu P,et al. Performance and microbial communities of completely autotrophic denitrification in a bioelectrochemically-assisted con-

structed wetland system for nitrate removal[J]. Bioresource Technology, 2017(228):39-46.

[40] Mora-Gómez J, Freixa A, Perujo N, et al. Limits of the Biofilm Concept and Types of Aquatic Biofilms[M]. Aquatic Biofilms: Ecology, Water Quality and Wastewater Treatment, 2016.

[41] Han B, Zhang S, Wang P, et al. Effects of water flow on submerged macrophyte-biofilm systems in constructed wetlands[J]. Scientific Reports, 2018, 8(1):2650.

[42] Hempel M, Blume M, Blindow I, et al. Epiphytic bacterial community composition on two common submerged macrophytes in brackish water and freshwater[J]. Bmc Microbiology, 2008, 8(1):58.

[43] Gross E M, Feldbaum C, Graf A. Epiphyte biomass and elemental composition on submersed macrophytes in shallow eutrophic lakes[J]. Hydrobiologia, 2003, 506-509(1-3):559-565.

[44] Thorén A. Urea Transformation of Wetland Microbial Communities[J]. Microbial Ecology, 2007, 53(2):221-232.

[45] Eriksson P G. Interaction effects of flow velocity and oxygen metabolism on nitrification and denitrification in biofilms on submersed macrophytes[J]. Biogeochemistry, 2001, 55(1):29-44.

[46] Jackson L J, Rowan D J, Cornett R J, et al. Myriophyllum spicatum Pumps Essential and Nonessential Trace Elements from Sediments to Epiphytes [J]. Canadian Journal of Fisheries & Aquatic Sciences, 1994, 51(8):1769-1773.

[47] Kalff R C. Phosphorus Release by Submerged Macrophytes: Significance to Epiphyton and Phytoplankton[J]. Limnology and Oceanography, 1982, 27(3):419-427.

[48] 何聃, 任丽娟, 吴庆龙. Epiphytic bacterial communities on two common submerged macrophytes in Taihu Lake: diversity and host-specificity[J]. Chinese Journal of Oceanology and Limnology, 2012, 30(2):237-247.

[49] 常会庆, 李娜, 徐晓峰. 三种水生植物对不同形态氮素吸收动力学研究[J]. 生态环境, 2008(2):511-514.

[50] Choudhury M I, Yang X, Hansson L A. Stream flow velocity alters submerged macrophyte morphology and cascading interactions among associated invertebrate and periphyton assemblages[J]. Aquatic Botany,2015(120): 333-337.

[51] Per S, Jens B, Erik J,et al. Impact of Submerged Macrophytes on Fish— Zooplankton-Phytoplankton Interactions: Large-scale Enclosure Experiments in a Shallow Eutrophic Lake [J]. Freshwater Biology, 2010, 33 (2): 255-270.

[52] Sand-jensen K. Influence of submerged macrophytes on sediment composition and near-bed flow in lowland streams[J]. Freshwater biology,1998,39 (4):663-679.

[53] 刘建康.高级水生生物学[M].北京:科学出版社,1999.

[54] 班伟.东沟流域水文特性浅析[J].吉林水利,2017(9):46-47.

[55] 李怡,李垒,关伟,等.水文条件对水生植物的影响作用研究进展[J].环境保护与循环经济,2017,37(8):42-46.

[56] Albayrak I, Nikora V, Miler O,et al. Flow-plant interactions at leaf, stem and shoot scales: drag, turbulence, and biomechanics[J]. Aquatic sciences,2014,76(2):269-294.

[57] Hilton J, O'Hare M, Bowes M J,et al. How green is my river? A new paradigm of eutrophication in rivers [J]. Science of the Total Environment, 2006,365(1): 66-83.

[58] SAND-JENSEN K, Pedersen M L. Streamlining of plant patches in streams [J]. Freshwater Biology,2008,53(4):714-726.

[59] Chambers P, Prepas E, Hamilton H,et al. Current velocity and its effect on aquatic macrophytes in flowing waters[J]. Ecological Applications, 1991: 249-257.

[60] Ibáñez C, Caiola N, Rovira A,et al. Monitoring the effects of floods on submerged macrophytes in a large river[J]. Science of the total environment, 2012(440):132-139.

[61] Zhu G, Zhang M, Cao T,et al. Associations between the morphology and biomechanical properties of submerged macrophytes: implications for its sur-

vival and distribution in Lake Erhai[J]. Environmental Earth Sciences, 2015, 74(5): 3907-3916.

[62] Van Zuidam B G, Peeters E T. Wave forces limit the establishment of submerged macrophytes in large shallow lakes[J]. Limnology and Oceanography, 2015, 60(5): 1536-1549.

[63] Crossley M N, Dennison W C, Williams R R, et al. The interaction of water flow and nutrients on aquatic plant growth[J]. Hydrobiologia, 2002, 489 (1-3): 63-70.

[64] 张松贺, 袁树东, 韩冰. 自然河道中沉水植物苦草对水流的生理响应 [J]. 水资源保护, 2018,34(3):96-103.

[65] Rovira A, Alcaraz C, Trobajo R. Effects of plant architecture and water velocity on sediment retention by submerged macrophytes[J]. Freshwater Biology, 2016.

[66] 符辉, 袁桂香, 曹特, 等. 洱海近50 a来沉水植被演替及其主要驱动要素[J]. 湖泊科学, 2013, 25(6): 854-861.

[67] 魏华, 郝汉舟, 钟学斌. 富营养化水体中水位对沉水植物的影响研究进展[J]. 水产研究,2016,3(1):1-9.

[68] Spence D H N, Chrystal J. Photosynthesis and zonation of freshwater macrophytes. I. depth distribution andshade tolerance [J]. New Phytologist, 2010,69(1):205-215.

[69] 翟水晶,胡维平,邓建才,等.不同水深和底质对太湖马来眼子菜(Potamogeton malaianus)生长的影响[J].生态学报,2008,28(7):3035-3041.

[70] 陈正勇, 王国祥, 吴晓东, 等.不同水深条件下菹草(Potamogeton crispus)的适应对策[J]. 湖泊科学, 2011, 23(6): 942-948.

[71] Wang M Z, Liu Z Y, Luo F L, et al. Do Amplitudes of Water Level Fluctuations Affect the Growth and Community Structure of Submerged Macrophytes? [J]. PloS one, 2016, 11(1): e0146528.

[72] Havens K E. Submerged aquatic vegetation correlations with depth and light attenuating materials in a shallow subtropical lake [J]. Hydrobiologia, 2003, 493(1-3): 173-186.

[73] Xiao C, Wang X, Xia J, et al. The effect of temperature, water level and

burial depth on seed germination of Myriophyllum spicatum and Potamoge-ton malaianus[J]. Aquatic Botany, 2010, 92(1): 28-32.

[74] Havens K E, Sharfstein B, Brady M A, et al. Recovery of submerged plants from high water stress in a large subtropical lake in Florida, USA[J]. Aquatic Botany, 2004, 78(1): 67-82.

[75] 纪海婷, 谢冬, 周恒杰, 等. 沉水植物附植生物群落生态学研究进展[J]. 湖泊科学, 2013, 25(2): 163-170.

[76] 陈清锦. 不同季节伊乐藻水质改善效应的对比研究[J]. 城市建设理论研究: 电子版, 2011(26): 1-4.

[77] 吕志江, 李洁明, 稻森隆平, 等. 对各种大型沉水植物在不同季节环境下净化特性的比较研究[C]//2013 北京国际环境技术研讨会论文集. 2013.

[78] 刘伟龙, 胡维平, 陈永根, 等. 西太湖水生植物时空变化[J]. 生态学报, 2007, 27(1): 159-170.

[79] 刘红艳, 熊飞, 宋丽香, 等. 汉阳地区五个湖泊沉水植物分布及富营养化现状[J]. 淡水渔业, 2017, 47(1): 107-112.

[80] Spencer W E, Wetzel R G. Acclimation of Photosynthesis and Dark Respiration of a Submersed Angiosperm beneath Ice in a Temperate Lake[J]. Plant Physiology, 1993, 101(3): 985-991.

[81] Bartleson R D, Hunt M J, Doering P H. Effects of temperature on growth of Vallisneria americana in a sub-tropical estuarine environment[J]. Wetlands Ecology & Management, 2014, 22(5): 571-583.

[82] 闫志强, 刘鼋, 吴小业, 等. 温度对五种沉水植物生长和营养去除效果的影响[J]. 生态科学, 2014, 33(5): 839-844.

[83] 摆晓虎, 曹特, 倪乐意, 等. 洱海水体光学特性的季节变化及其影响因素分析[J]. 水生态学杂志, 2016, 37(2): 10-16.

[84] 平晓燕, 周广胜, 孙敬松. 植物光合产物分配及其影响因子研究进展[J]. 植物生态学报, 2010, 34(1): 100-111.

[85] 朱丹婷. 光照强度、温度和总氮浓度对三种沉水植物生长的影响[D]. 金华: 浙江师范大学, 2011.

[86] 牛淑娜, 张沛东, 张秀梅. 光照强度对沉水植物生长和光合作用影响的

研究进展[J]. 渔业信息与战略, 2011, 26(11): 9-12.

[87] 汪斯琛. 不同环境条件下湿地沉水植物的生长及其叶绿素荧光特性研究[D]. 南昌: 江西师范大学, 2015.

[88] 李文朝, 连光华. 几种沉水植物营养繁殖体萌发的光需求研究[J]. 湖泊科学, 1996, 8(S1): 25-29.

[89] 范远红, 崔理华, 林运通, 等. 不同水生植物类型表面流人工湿地系统对污水厂尾水深度处理效果[J]. 环境工程学报, 2016, 10(6): 2875-2880.

[90] 刘斌, 章北平, 程伟, 等. 人工景观生态湖滨净化带植物的遴选[J]. 城市环境与城市生态, 2006(2): 17-19.

[91] 左倬, 胡伟, 朱雪诞, 等. 不同季节表流湿地对微污染原水的净化效果分析[J]. 人民长江, 2013, 44(19): 91-95.

[92] Fritioff A, Kautsky L, Greger M. Influence of temperature and salinity on heavy metal uptake by submersed plants[J]. Environmental Pollution, 2005, 133(2): 265-274.

[93] Tien C J, Lin M C, Chiu W H, et al. Biodegradation of carbamate pesticides by natural river biofilms in different seasons and their effects on biofilm community structure[J]. Environmental Pollution, 2013, 179(8): 95-104.

[94] 张兰芳, 朱伟, 操家顺, 等. 污染水体中悬浮物对菹草(Potamageton crispus)生长的影响[J]. 湖泊科学, 2006(1): 73-78.

[95] 高敏, 刘鑫, 邓建才, 等. 不同水质对沉水植物马来眼子菜主要生理指标的影响研究[J]. 生态环境学报, 2015(11): 1886-1892.

[96] 郝孟曦, 杨磊, 孔祥虹, 等. 湖北长湖水生植物多样性及群落演替[J]. 湖泊科学, 2015, 27(1): 94-102.

[97] 张萌. 水生植物对湖泊富营养化胁迫的生理生态学响应[D]. 北京: 中国科学院大学, 2010.

[98] Zhu Z, Yuan H, Wei Y, et al. Effects of Ammonia Nitrogen and Sediment Nutrient on Growth of the Submerged Plant Vallisneria natans[J]. CLEAN-Soil, Air, Water, 2016, 43(12): 1653-1659.

[99] Qian C, You W, Xie D, et al. Turion morphological responses to water nutrient concentrations and plant density in the submerged macrophyte Pota-

mogeton crispus[J]. Scientific Reports, 2014, 4(4): 7079.

[100] Kuntz K, Heidbüchel P, Hussner A. Effects of water nutrients on regeneration capacity of submerged aquatic plant fragments[J]. Annales de Limnologie-International Journal of Limnology, 2014, 50(2): 155-162.

[101] 张艳艳,魏金豹,黄民生,等. 环境因子对滴水湖浮游植物生长的影响分析[J]. 华东师范大学学报(自然科学版),2015, 2015(2): 48-57.

[102] 温腾. 泥沙型浑浊水体中浊度对苦草和黑藻生长的影响[D].南京:南京师范大学,2008.

[103] 李强. 环境因子对沉水植物生长发育的影响机制[D].南京:南京师范大学,2007.

[104] 朱光敏.水体浊度和低光条件对沉水植物生长的影响[D].南京:南京大学,2009.

[105] 王晋,林超,张毅敏,等.水体浊度对沉水植物菹草生长的影响[J].生态与农村环境学报, 2015(3):353-358.

[106] 王文林. 水体浊度对菹草和亚洲苦草萌发生长的影响研究[D].南京:南京师范大学,2006.

[107] 王斌,周莉苹,李伟.不同水质条件下菹草的净化作用及其生理反应初步研究[J]. 植物科学学报, 2002, 20(2): 150-152.

[108] 许秋瑾,扈学文,金相灿,等.壳聚糖对沉水植物轮叶黑藻抗污能力的影响[J]. 环境科学学报, 2008, 28(1): 62-67.

[109] 赵安娜,冯慕华,郭萧,等.沉水植物氧化塘对污水厂尾水深度净化效果与机制的小试研究[J]. 湖泊科学, 2010,22(4):538-544.

[110] 刘海琴,邱园园,闻学政,等. 4种水生植物深度净化村镇生活污水厂尾水效果研究[J]. 中国生态农业学报, 2018,26(4):616-626.

[111] 李欢,吴蔚,罗芳丽,等.4种挺水植物、4种沉水植物及其组合群落去除模拟富营养化水体中总氮和总磷的作用比较[J]. 湿地科学,2016,14(2):163-172.

[112] 吴建勇,温文科,吴海龙,等.种植方式对沉水植物生态修复效果的影响[J]. 湿地科学,2015,13(5):602-608.

[113] 蔡潇琦,洪剑明,商晓静,等.翠湖湿地沉水植物修复方法初探[J]. 湿地科学与管理, 2014(2):58-61.

[114] 肖兴富,李文奇,孙宇,等.沉水植物对富营养化水体的净化效果研究[J].中国环境管理干部学院学报,2005,15(3):62-65.

[115] 刘从玉,刘平平,刘政,等.沉水植物在生态修复和水质改善中的作用——以惠州南湖生态系统的修复与构建(中试)工程为例[J].安徽农业科学,2008(7):2908-2910.

[116] 吴海龙,霍元子,邵留,等.连续可调式沉水植物网床对河道水质的修复[J].应用生态学报,2012,23(9):2580-2586.

[117] 徐恒戬,权召,周永顺.富营养水体修复植物种质筛选的研究[J].种子,2018,37(5):67-69.

[118] 李琳琳,汤祥明,高光,等.沉水植物生态修复对西湖细菌多样性及群落结构的影响[J].湖泊科学,2013,25(2):188-198.

[119] 王占深,赵伊茜,黎超,等.水生植物配植对景观水体藻类水华的抑制[J].环境污染与防治,2018,40(6):627-633,638.

[120] 代亮亮,张云,李双双,等.不同营养水平下沉水植物的抑藻效应[J].环境科学学报,2019,39(6):1801-1807.

[121] 姜小玉,杨佩昀,王洁玉,等.大型溞和金鱼藻对三种微藻增殖的影响[J].淡水渔业,2018(4):106-112.

[122] 华烨,许明峰.浅谈食藻虫在泰康浜水生态修复工程中的应用[J].水资源开发与管理,2019(10):5-10.

[123] 韩华杨,李正魁,王浩,等.伊乐藻-固定化脱氮微生物技术对入贡湖河道脱氮机制的影响[J].环境科学,2016,37(4):1397-1403.

[124] 高帅强,陈志远,李锋民,等.沉水植物矮慈姑对重污染底泥的耐受及其中主要污染物的去除[J].环境科学学报,2019,39(7):107-114.

[125] 刘嫦娥,赵健艾,易晓燕,等.静态条件下沉水植物净化污水厂尾水能力研究[J].环境科学与技术,2011(S2):271-274.

[126] Albertoni E F, Hepp L U, Carvalho C, et al. Invertebrate composition in submerged macrophyte debris: Habitat and degradation time effects[J]. Ecologia Austral, 2018, 28(1): 93-103.

[127] Hanna A, Wim C, Johanna S, et al. Bacterial and fungal colonization and decomposition of submerged plant litter: consequences for biogenic silica dissolution[J]. Fems Microbiology Ecology, 2016,92(3):fiw011.

[128] Janssen A, Wijk D V, Gerven L V, et al. Success of lake restoration depends on spatial aspects of nutrient loading and hydrology[J]. Science of The Total Environment, 2019,679(20):248-259.

[129] Schnach P, Nygrén N, Tammeorg O, et al. The past, present, and future of a lake: Interdisciplinary analysis of long-term lake restoration[J]. Environmental Science & Policy, 2018(81):95-103.

[130] Jeppesen E, Sndergaard M, Liu Z. Lake Restoration and Management in a Climate Change Perspective: An Introduction [J]. Water, 2017, 9 (2):122.

[131] Liying Yan, Songhe Zhang, Da Lin, et al. Nitrogen loading affects microbes, nitrifiers and denitrifiers attached to submerged macrophyte in constructed wetlands[J]. Science of The Total Environment, 2018 (s 622-623): 121-126.

[132] Zhang S, Pang S, Wang P, et al. Responses of bacterial community structure and denitrifying bacteria in biofilm to submerged macrophytes and nitrate[J]. Scientific Reports, 2016, 6(1):36178.

[133] Pittman J K, Dean A P, Osundeko OJBT. The potential of sustainable algal biofuel production using wastewater resources [J]. 2011, 102 (1): 17-25.

[134] Clarens A F, Resurreccion E P, White M A, et al. Environmental Life Cycle Comparison of Algae to Other Bioenergy Feedstocks[J]. Environmental Science & Technology, 2010, 44(5): 1813-1819.

[135] 王维, 刘彬, 邓南圣. 藻类在污水净化中的应用及机理简介[J]. 三峡环境与生态, 2002(6):41-43,49.

[136] Alfred, C, Redfield A. The biological control of chemical factors in the environment[J]. American Scientist, 1958,46(3):230A,205-221.

[137] Wang S, Jian X, Wan L, et al. Mutual Dependence of Nitrogen and Phosphorus as Key Nutrient Elements: One Facilitates Dolichospermum flosaquae to Overcome the Limitations of the Other[J]. 2018, 52 (10): 5653-5661.

[138] 边磊. 微藻对氮磷营养盐的脱除利用与废水净化[D]. 杭州:浙江大

学, 2010.

[139] Ohmori M, Ohmori K. Inhibition of nitrate uptake by ammonia in a blue-green alga, Anabaena cylindrica[J]. Strotmann HJAoM, 1977, 114(3): 225-229.

[140] Serna M, Borras R, Legaz F, et al. The influence of nitrogen concentration and ammonium/nitrate ratio on N-uptake, mineral composition and yield of citrus[J]. Soil, 1992, 147(1): 13-23.

[141] Peuke A D. Nitrate Uptake and Reduction of Aseptically Cultivated Spruce Seedlings, Picea abies (L.) Karst[J]. Tischner RJJoEB, 1991, 42(239): S20 - S21.

[142] Lin S, Litaker R W, Sun Da W G. Phosphorus physiological ecology and molecular mechanisms in marine phytoplankton[J]. Wood MJJoP, 2016, 52 (1): 10-36.

[143] Brown N, Shilton A. Luxury uptake of phosphorus by microalgae in waste stabilisation ponds: current understanding and future direction [J]. Reviews in Environmental Science and Bio/Technology, 2014, 13(3): 321-328.

[144] Choi H J, L Ee SMJB. Effect of the N/P ratio on biomass productivity and nutrient removal from municipal wastewater[J]. Engineering B, 2015, 38 (4): 761-766.

[145] 孙传范. 微藻水环境修复及研究进展[J]. 中国农业科技导报, 2011, 13 (3): 92-96.

[146] Taelman S E, Meester S D, Roef L. The environmental sustainability of microalgae as feed for aquaculture: A life cycle perspective[J]. Dewulf JJBT, 2013, 150(Complete): 513-522.

[147] 王冬琴, 谭瑜, 卢虹玉, 等. 微藻生物活性物质在食品工业中的应用进展[J]. 现代食品科技, 2013, 29(5): 1185-1191.

[148] Parmar A, Singh N K, Pandey A, Gnansounou E. Cyanobacteria and microalgae: a positive prospect for biofuels[J]. Madamwar DJBT, 2011, 102 (22): 10163-10172.

[149] 王逸云, 王长海. 无菌条件下的小球藻培养条件优化[J]. 烟台大学学

报(自然科学与工程版),2006,19(2):125-129.

[150] 李师翁,李虎乾. 植物单细胞蛋白资源——小球藻开发利用研究的现状[J].生物技术,1997,7(3):45-48.

[151] 胡开辉,汪世华.小球藻的研究开发进展[J].武汉轻工大学学报.2005(3):27-30.

[152] Scragg A H, Illman A M, Carden A, et al. Growth of microalgae with increased calorific values in a tubular bioreactor[J]. Bioenergy,2002,23(1):67-73.

[153] Han Xu, Xiao Ling Miao, Qing yu Wu. High quality biodiesel production from a microalga Chlorella protothecoides by heterotrophic growth in fermenters[J]. Journal of Bidechnology,2006,126(4):499-507.

[154] 缪晓玲,吴庆余.微藻油脂制备生物柴油的研究[J].太阳能学报,2007,28(2):219-222.

[155] Lei A P, Wong Y S, Tam NFY. Removal of pyrene by different microalgal species[J]. Technology,2002,46(11-12):195-201.

[156] 胡月薇, 邱承光, 曲春波, 等.小球藻处理废水研究进展[J].环境科学与技术,2003, 26(4):48-49,63-67.

[157] 胡开辉, 朱行, 汪世华, 等.小球藻对水体氮磷的去除效率[J].福建农业大学学报,2006,35(6):648-651.

[158] Ainas M, Hasnaoui S, Bouarab R, et al. Hydrogen production with the cyanobacterium Spirulina platensis[J]. International Journal of Hydrogen Energy,2017,42(8): 4902-4907.

[159] Ananyev G, Carrieri D, Dismukes GCJA. Optimization of Metabolic Capacity and Flux through Environmental Cues To Maximize Hydrogen Production by the Cyanobacterium "Arthrospira (Spirulina) maxima"[J]. Microbiology E,2008,74(19): 6102-6113.

[160] Borowitzka M A, Siva. The taxonomy of the genus Dunaliella(Chlorophyta, Dunaliellales) with emphasis on the marine and halophilic species[J]. Journal of Applied Phycology,2007,19(5):567-590.

[161] 侯召丽,刘鑫,郝晓华,等.杜氏藻应用现状与展望[J].生物学通报,2019,44(12):1-3.

［162］郑秀洁，刘亚培. 盐藻的开发与应用展望［J］. 盐业与化工,2015,44（1）:1-4.

［163］Lamers P P,Janssen M, Vos RCHD,et al. Exploring and exploiting carotenoid accumulation in Dunaliella salina for cell-factory applications［J］. Biotechnology RHWJTi,2008,26（11）:631-638.

［164］Hosseini TA, Shariati. Dunaliella biotechnology: methods and applications［J］. Journal of Applied Microbiology,2009,107（1）:14-35.

［165］岳维忠，黄小平,黄良民,等. 大型藻类净化养殖水体的初步研究［J］. 海洋环境科学,2004(1):13-15,40.

［166］Jones A B, Dennison W C, Preston N P J A. Integrated treatment of shrimp effluent by sedimentation, oyster filtration and macroalgal absorption: a laboratory scale study［J］. A quaculture, 2001, 193（1-2）:155-178.

［167］陈春云,庄源益,方圣琼. 小球藻对养殖废水中 N、P 的去除研究［J］. 海洋环境科学,2009,28（1）:9-11.

［168］吕福荣、杨海波,李英敏. 小球藻净化污水中氮磷能力的研究［J］. 安徽农业科学,2003（2）:25-26,34.

［169］于媛，刘艳，韩芸芸,等,小球藻去除水产加工废水中氨态氮的初步研究［J］. 生物技术,2006,16（5）:73-74.

［170］Rui C, Rong L, Deitz L,et al. Freshwater algal cultivation with animal waste for nutrient removal and biomass production［J］. 2012,39（4）:128-138.

［171］Qin L, Shu Q, Wang Z,et al. Cultivation of Chlorella vulgaris in Dairy Wastewater Pretreated by UV Irradiation and Sodium Hypochlorite［J］. Applied Biochemistry & Biotechnology. 2014,172:1121-1130.

［172］Raposo M F D J,Oliveira S E,Castro P M,et al. On the Utilization of Microalgae for Brewery Effluent Treatment and Possible Applications of the Produced Biomass［J］. Journal of then Institute of Brewing,2012,116（3）:285-292.

［173］马红芳，李鑫，胡洪营,等. 栅藻 LX1 在水产养殖废水中的生长、脱氮除磷和油脂积累特性［J］. 环境科学,2012,33（6）:1891-1896.

[174] 王翠,李环,韦萍.沼液培养小球藻生产油脂的研究[J].环境工程学报,2010,4(8):1753-1758.

[175] Xin L, Hong-Ying H, Ke G, Ying-Xue S. Effects of different nitrogen and phosphorus concentrations on the growth, nutrient uptake, and lipid accumulation of a freshwater microalga Scenedesmus sp[J]. Bioresource Thchnology,2010,101(14): 5494-5500.

[176] 华迪.利用藻类去除 P 营养物质研究[D].成都:西南交通大学,2008.

[177] Rawat I,Kumar R R,Mutanda T,et al. Dual role of microalgae: Phycoremediation of domestic wastewater and biomass production for sustainable biofuels production[J]. Applied Energy,2011, 88(10):3411-3424.

[178] Oswald W J. My sixty years in applied algology[J]. Journal of Applied Phycology,2003,15(2):99-106.

[179] 陈鹏,周琪.高效藻类氧化塘处理有机废水的研究和应用[J].上海环境科学,2001(7):309-311.

[180] 徐运清,胡超.高效藻类塘对小城镇养殖废水净化效能的影响[J].安徽农业科学,2011,39(3):1683-1684.

[181] 黄翔峰,池金萍,何少林,等.高效藻类塘处理农村生活污水的研究[J].中国给水排水,2006(5):35-39.

[182] De-Bashan L E, Hernandez J P, Morey T,et al. Microalgae growth-promoting bacteria as "helpers" for microalgae: a novel approach for removing ammonium and phosphorus from municipal wastewater [J]. Water Research,2004,38(2):466-474.

[183] Aziz M A, Ng W J. Industrial wastewater treatment using an activated algae-reactor[J]. Water science and Technology,1993,28(7):71-76.

[184] Su Y,Mennerich A.Synergistic cooperation between wastewater-born algae and activated sludge for wastewater treatment: Influence of algae and sludge inoculation ratios[J]. Urban BJBT,2012,105(0):67-73.

[185] Craggs R J, Adey W H, Jenson K R, et al. Phosphorus removal from wastewater using an algal turf scrubber[J]. Technology,1996,33(7):191-198.

[186] 刘翠霞,胡智泉,郭雪白,等. Zn^{2+}对藻类生物膜生长生理特性影响研

究[J].生态环境学报,2013,22(5):838-843.
[187] Mallick N. Biotechnological potential of immobilized algae for wastewater N, P and metal removal: A review[J]. Biometals,2002,15(4):377-390.
[188] Ruiz-Marin A,Mendoza-Espinosal L G,Stephenson T. Growth and nutrient removal in free and immobilized green algae in batch and semi-continuous cultures treating real wastewater %J Bioresource Technology[J]. Bioresource Technology,2010,101(1):58-64.
[189] 张丽霞.基于功能性状的水生植物及邻近陆生植物的生态策略[D].西安:西北大学,2017.
[190] 兰策介,沈元,王备新,等.蒙新高原湖泊高等水生植物和大型底栖无脊椎动物调查[J].湖泊科学,2010,22(6):888-893.
[191] 白妙馨,张敏,李青丰,等.乌梁素海水污染特征及水生植物净化水体潜力研究[C]//中国环境科学学会.2013中国环境科学学会学术年会论文集(第四卷).[出版地不详],2013.
[192] 田翠翠,吴幸强,冯闪闪,等.东平湖沉水植物分布格局及其与环境因子的关系[J].环境科学与技术,2018,41(11):15-20.
[193] 郭萧,叶许春,俞士敏,等.贾鲁河梯级河滩湿地冬季植被构建及净化效果研究[J].环境科学学报,2011,31(7):1464-1469.
[194] 姚俊芹,罗述华,杨洁,等.乌拉泊水库菹草防治对策初步探讨[J].甘肃科技纵横,2008,37(6):66,61.
[195] 成昌卫.浐灞生态区雁鸣湖2号湖水环境生态修复研究[D].西安:西安理工大学,2009.
[196] 陈开宁.蓖齿眼子菜(Potamogeton pectinatus L)生物,生态学及其在滇池富营养水体生态修复中的应用研究[D].南京:南京农业大学,2002.
[197] 缪丽梅,石天喜,姜翠萍,等.试论乌梁素海富营养化的生物治理[J].内蒙古农业大学学报(自然科学版),2013,34(3):11-14.
[198] 尚士友,杜健民,谢玉红.乌梁素海沉水植物资源开发利用的研究[J].内蒙古农牧学院学报,1997,18(1):61-65.
[199] 李兴,杨乔媚,勾芒芒.内蒙古乌梁素海水质时空分布特征[J].生态环境学报,2011,20(22):1301-1306.

[200] 巴达日夫. 乌梁素海水环境因子时空分布特征及富营养化评价[J]. 海洋湖沼通报, 2019, 169(4): 110-116.

[201] 田伟东, 贾克力, 史小红, 等. 2005—2014年乌梁素海湖泊水质变化特征[J]. 湖泊科学, 2016, 28(6): 1226-1234.

[202] 蒋鑫艳. 乌梁素海近年来水环境治理效果及其变化特征分析[D]. 呼和浩特: 内蒙古农业大学, 2019.

[203] 梁文, 张生, 史小红, 等. 乌梁素海底泥营养盐分布特征及其环境意义[J]. 人民黄河, 2011, 33(4): 85-86.

[204] 乌云, 朝伦巴根, 李畅游, 等. 乌梁素海表层沉积物营养元素及重金属空间分布特征[J]. 干旱区资源与环境, 2011, 25(4): 143-148.

[205] 秦美荣. 乌梁素海网格水道清淤施工技术[J]. 科技创新导报, 2015, 12(6): 85.

[206] 杨婷婷. 乌梁素海冰封期底泥氮形态变化机制研究[D]. 北京: 中央民族大学, 2019.

[207] 滕飞. 乌梁素海沉积物营养盐分布及释放规律试验研究[D]. 包头: 内蒙古科技大学, 2019.

[208] 崔凤丽. 乌梁素海沉积物—水界面间磷的赋存形态分析及释放规律研究[D]. 呼和浩特: 内蒙古农业大学, 2013.

[209] 陈爱葵, 韩瑞宏, 李东洋, 等. 植物叶片相对电导率测定方法比较研究[J]. 广东第二师范学院学报, 2010, 30(5): 88-91.

[210] 张帆, 谢建治. 篦齿眼子菜对水体氮、磷去除效果的研究[J]. 河北农业大学学报, 2012, 35(4): 19-24.

[211] 潘保原, 杨国亭, 穆立蔷, 等. 3种沉水植物去除水体中氮磷能力研究[J]. 植物研究, 2015, 35(1): 141-145.

[212] 徐峰, 邢雅囡, 吕学研, 等. 沉水植物生长晚期净化污水试验[J]. 人民黄河, 2011, 33(5): 69-71.

[213] Wei J, Cui L, Wei L I, et al. Nitrogen and phosphorus removal effect in subsurface constructed wetland under low temperature condition [J]. Ecological Science, 2017, 36(1): 43-47.

[214] 张之浩, 吴晓芙, 李威. 沉水植物在富营养化水体原位生态修复中的功能[J]. 中南林业科技大学学报, 2018, 38(3): 115-121.

[215] 唐棣. 不同载体生物膜的特性及其去除氮磷效果比较[D]. 海口: 海南大学, 2016.

[216] Faulwetter J L, Burr M D, Parker A E, et al. Influence of season and plant species on the abundance and diversity of sulfate reducing bacteria and ammonia oxidizing bacteria in constructed wetland microcosms[J]. Microb Ecol, 2013, 65(1): 111-127.

[217] 潘慧云, 徐小花, 高士祥. 沉水植物衰亡过程中营养盐的释放过程及规律[J]. 环境科学研究, 2008, 21(1): 64-68.

[218] Zhang L, Zhang S, Lv X, et al. Dissolved organic matter release in overlying water and bacterial community shifts in biofilm during the decomposition of Myriophyllum verticillatum[J]. Science of The Total Environment, 2018(633): 929-937.

[219] 平云梅, 潘旭, 崔丽娟, 等. 沉水植物分解对人工湿地水质的影响[J]. 水利水电技术, 2017, 48(9): 24-28.

[220] 李启升, 黄强, 李永吉, 等. 水深对沉水植物苦草(Vallisneria natans)和穗花狐尾藻(Myriophyllum spicatum)生长的影响[J]. 湖泊科学, 2019, 31(4): 157-166.

[221] 陈开宁, 强胜, 李文朝. 菹齿眼子菜的光合速率及影响因素[J]. 湖泊科学, 2002, 14(4): 357-362.

[222] 侯德, 孟庆义, 王利军, 等. 沉水植物菹齿眼子菜光补偿深度研究[J]. 农业环境科学学报, 2006(9): 690-692.

[223] 高海龙. 富营养化浅水湖泊沉水植物恢复研究[D]. 南京: 南京大学, 2017.

[224] 蓝于倩, 朱文君, 麦颖仪, 等. 轻度富营养水体水深对四种沉水植物的生长影响[J]. 环境工程, 2018, 36(11): 29-34.

[225] 熊飞, 李文朝, 潘继征, 等. 云南抚仙湖沉水植物分布及群落结构特征[J]. 云南植物研究, 2006(3): 277-282.

[226] 肖小妮. 水体悬浮泥沙浓度新型监测方法综述[J]. 节能与环保, 2020, 307(Z1): 70-71.

[227] 张呈, 郭劲松, 李哲, 等. 三峡小江回水区透明度季节变化及其影响因子分析[J]. 湖泊科学, 2010(2): 189-194.

［228］王婷婷,崔保山,刘佩佩,等.白洋淀漂浮植物对挺水植物和沉水植物分布的影响［J］.湿地科学,2013,11(2):266-270.

［229］刘萌萌,刘巧,杨娜,等.沉水植物穗花狐尾藻耐盐性与生长［J］.生态学杂志,2019,38(3):163-169.

［230］侯雪薇.几种沉水植物分解过程研究［D］.济南:山东大学,2015.

［231］熊剑,黄建团,聂雷,等.不同营养条件对金鱼藻净化作用及其生理生态的影响［J］.水生生物学报,2013,37(6):1066-1072.

［232］刘燕,王圣瑞,金相灿,等.水体营养水平对3种沉水植物生长及抗氧化酶活性的影响［J］.生态环境学报,2009,18(1):57-63.

［233］郭俊秀.营养盐对沉水植物生长指标和抗氧化酶系统的影响［J］.呼和浩特:内蒙古农业大学,2008.

［234］刘文竹,蓝于倩,骆梦,等.6种沉水植物对盐胁迫的生理响应及耐盐性评价［J］.中国农学通报,2019,35(12):54-62.

［235］金相灿,郭俊秀,许秋瑾,等.不同质量浓度氨氮对轮叶黑藻和穗花狐尾藻抗氧化酶系统的影响［J］.生态环境,2008,17(1):1-5.

［236］陈育超.生态浮床强化河道水体污染物降解的效果评价和过程分析［D］.天津:天津大学,2016.

［237］Battin T J, Besemer K, Bengtsson M M, et al. The ecology and biogeochemistry of stream biofilms［J］. Nature Reviews Microbiology, 2016, 14(4):251-263.

［238］Battin T J, Kaplan L A, Denis N J, et al. Contributions of microbial biofilms to ecosystem processes in stream mesocosms［J］. Nature, 2003, 426(6965): 439.

［239］He D, Ren L, Wu Q. Epiphytic bacterial communities on two common submerged macrophytes in Taihu Lake: diversity and host-specificity［J］. Chinese Journal of Oceanology and Limnology, 2012, 30(2): 237-247.

［240］Torresi E, Fowler S J, Polesel F, et al. Biofilm Thickness Influences Biodiversity in Nitrifying MBBRs Implications on Micropollutant Removal［J］. Environmental Science & Technology, 2016, 50(17):9279-9288.

［241］Gordon-Bradley N, Lymperopoulou D S, Williams H N. Differences in Bacterial Community Structure on Hydrilla verticillata and Vallisneria americana in a Freshwater Spring[J]. Microbes and Environments, 2014, 29(1): 67-73.

[242] Öterler B. Community Structure, Temporal and Spatial Changes of Epiphytic Algae on Three Different Submerged Macrophytes in a Shallow Lake [J]. Polish Journal of Environmental Studies, 2017, 26(5): 2147-2158.

[243] Tsuchiya Y, Hiraki A, Kiriyama C, et al. Seasonal Change of Bacterial Community Structure in a Biofilm Formed on the Surface of the Aquatic Macrophyte Phragmites australis[J]. Microbes and Environments, 2011, 26(2): 113-119.

[244] Creamer C A, Menezes A B D, Krull E S, et al. Microbial community structure mediates response of soil C decomposition to litter addition and warming[J]. Soil Biology & Biochemistry, 2015(80): 175-188.

[245] Stanley E H, Johnson M D, Ward A K. Evaluating the influence of macrophytes on algal and bacterial production in multiple habitats of a freshwater wetland[J]. Limnology and Oceanography, 2003, 48(3): 1101-1111.

[246] Mu X, Zhang S, Lv X, et al. Water flow and temperature drove epiphytic microbial community shift: Insight into nutrient removal in constructed wetlands from microbial assemblage and co-occurrence patterns[J]. Bioresource Technology, 2021, 332: 125134.

[247] 白春学, 费庆志, 赵不凋. 季节性人工湿地中生物膜 INT 脱氢酶活性研究[J]. 吉林建筑大学学报, 2009, 26(1): 17-20.

[248] Bowlin E M, Klaus J S, Foster J S, et al. Environmental controls on microbial community cycling in modern marine stromatolites[J]. Sedimentary Geology, 2012(263-264): 45-55.

[249] Scott J T, Back J A, Taylor J M, et al. Does nutrient enrichment decouple algal-bacterial production in periphyton? [J]. Journal of the North American Benthological Society, 2008, 27(2): 332-344.

[250] 中国科学院动物研究所鱼类组与无脊椎动物组. 黄河渔业生物学基础初步调查报告[M]. 北京: 科学出版社, 1959.

[251] 黄河水系渔业资源调查协作组. 黄河水系渔业资源[M]. 沈阳: 辽宁科学技术出版社, 1986.

[252] 王勇,王海军,赵伟华,等. 黄河干流浮游植物群落特征及其对水质的指示作用[J]. 湖泊科学,2010,22(5):700-707.

[253] 惠筠,介子林,贺海战. 黄河河南段浮游生物生态特性与时空分布[J]. 河北渔业,2018,(5):37-43.

[254] 王祎哲,范耘硕,史雅梅,等,G418和氨苄青霉素对海水小球藻生长及光化学活性的影响[J]. 水产科技情报,2020,47(5):270-276.

[255] 刘莹莹,张文蕾,侯和胜,等. 抗生素在微藻工程中的应用研究进展[J]. 生命科学,2016,28(9):1010-1015.

[256] 胡丰姣,黄鑫浩,朱凡,等. 叶绿素荧光动力学技术在胁迫环境下的研究进展[J]. 广西林业科学,2017,46(1):102-106.

[257] 李钦夫,李征明,纪建伟,等. 叶绿素荧光动力学及在植物抗逆生理研究中的应用[J]. 湖北农业大学,2013,52(22):5399-5402.

[258] 欧阳峥嵘,温小斌,耿亚红,等. 光照强度、温度、pH、盐度对小球藻(Chlorella)光合作用的影响[J]. 植物科学学报,2010,28(1):49-55.

[259] 尤鑫,龚吉蕊. 叶绿素荧光动力学参数的意义及实例辨析[J]. 西部林业科学,2012,41(5):90-94.

[260] 王立丰,王纪坤. 叶绿素荧光动力学原理及在热带作物研究中的应用[J]. 热带农业科学,2013,33(11):16-23,58.

[261] 葛红星,陈钊,李健,等. pH和氮磷比对微小原甲藻和青岛大扁藻生长竞争的影响[J]. 中国水产科学,2017,24(3):587-595.

[262] He G, Zhang J, Hu X, et al. Effect of aluminum toxicity and phosphorus deficiency on the growth and photosynthesis of oil tea (Camellia oleifera Abel.) seedlings in acidic red soils[J]. 2011,33(4):1285-1292.

[263] Pancha I, Chokshi K, George B, et al. Nitrogen stress triggered biochemical and morphological changes in the microalgae Scenedesmus sp. CCNM 1077[J]. 2014(56):146-154.

[264] 曹世民. 螺旋藻两种氮源的比较研究[J]. 盐科学与化工,2000,29(5):30-32.

[265] 尤珊,郑必胜,郭祀远. 氮源对螺旋藻生长及胞外多糖的影响[J]. 食品科学,2004,25(4):32-35.

[266] 颜昌宙,曾阿妍,金相灿,等. 不同浓度氨氮对轮叶黑藻的生理影响

[J]. 生态学报,2007,27(3):1050-1055.

[267] Marchetti J, Bougaran G, Jauffrais T, et al. Effects of blue light on the biochemical composition and photosynthetic activity of Isochrysis sp. (T-iso) [J]. 2013.

[268] Wang H, Xiong H, Hui Z, et al. Mixotrophic cultivation of Chlorella pyrenoidosa with diluted primary piggery wastewater to produce lipids [J]. 2012,104(0):215-220.

[269] Koyande A K, Chew K W, Rambabu K, et al. Microalgae: A potential alternative to health supplementation for humans [J]. Food Science and Human, Wellness,2019,8(1):16-24.

[270] Neal C, Jarvie H P, Williams R J, et al. Phosphorus calcium carbonate saturation relationships in a lowland chalk river impacted by sewage inputs and phosphorus remediation: an assessment of phosphorus self-cleansing mechanisms in natural waters[J]. 2002,282(2):295-310.

[271] Down P W, Thorne C R, Robinson J L. Proposals for Rehabilitation Measures on the River Idle-Theory and Design of Rehabilitation Measures [M]. Nottingham University Consultants Limited,1995.

后　记

　　光阴荏苒,转眼又是一年春秋。经过多年努力,黄河干支流点源污染得到有效治理,水环境质量得到长足提升。然而,受各种因素限制,面源污染问题尚未得到有效解决,为流域高质量发展带来一定的隐患。黄河流域灌区诸多,如何充分利用纵横交错的灌排渠道体系,构建基于过程控制的污染拦截系统,是亟须治黄人解决的主要问题。

　　自 2017 开始,所在研究团队对河套灌区进行持续跟踪研究,在对现状进行充分摸排的基础上,以治污减碳协同增效、生态经济效益共同发挥为目标,开展多组次试验,以寻找适宜于引黄灌区的污染治理路径。通过反复探索实践,最终初步构建了草-藻协同生态沟渠技术,以期为面源污染防治提供解决手段。

　　在研究过程中,曹永涛、田世民等领导对试验过程及方案给与指导,保障了试验的科学性与准确性;景永才、王新、梁帅、孙姗等同事给与了充分的帮助,为本书的顺利成文提供了支持;相关评审专家、出版社编辑指出了书中的错误,使得书籍得以顺利出版,在此谨向诸位表示衷心感谢!

　　受各种因素影响,本书仍有诸多不足之处,敬请各位读者批评指正。